痛い靴がラクに歩ける靴になる

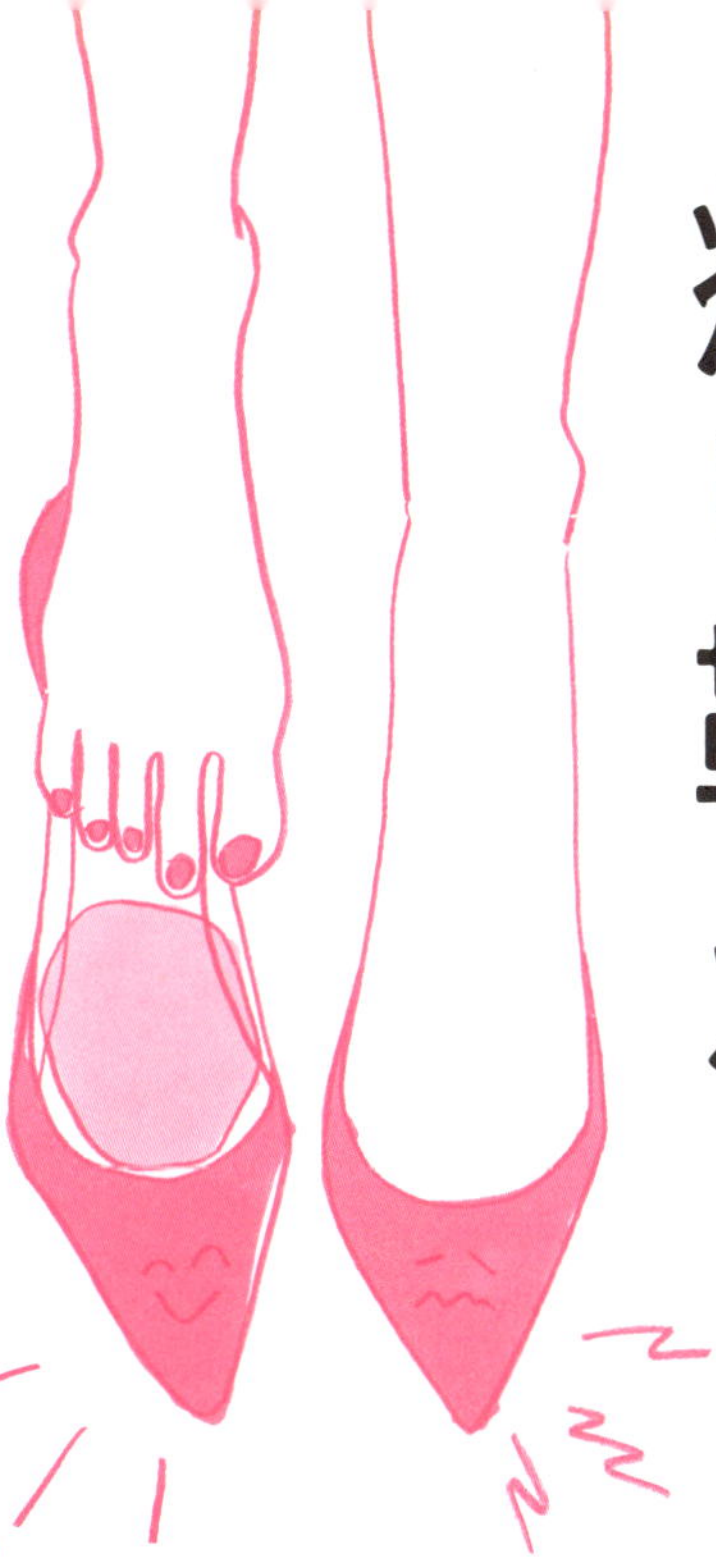

靴は売らない靴屋
西村泰紀

主婦の友社

こんなに靴があるのに、
履ける靴がない!

これは指先が当たって痛くなるし……

この靴はカワイイけど、靴ずれができたし……

やっぱり、ぺたんこ靴がラクなんだよねぇ
これは、かかとが抜けるけど痛くない靴
パカ
パカ

これ と これ 以外は思い切って捨てちゃおう！
エイッ
GARBAGE BAG

バーン
ちょっと待ってくださーい！
え、あなた誰ですか？

私は〝靴は売らない靴屋〟、シューフィット・神戸屋の西村です！いま、これを捨てようとしましたね？
は、はぁ
GARBAGE BAG

捨てたら
もったいない！
これは履けない
靴じゃなくて、
ちょっとだけ
合わない
〝惜しい靴〟
なんですから
そうなんですか!?

残そうとしたこれこそ、足に負担のかかる靴なんです！
えぇーっウソーッ!?

〈実は誤解だらけの靴選びの常識〉

1. 幅の広い靴が足にいい
歩きやすい靴

2. ハイヒールは痛くて
足に悪い靴

3. 私の足に合う靴はめったにない。
私の足がヘンなのかも……

1. 幅の広い靴が足にいい 歩きやすい靴

幅の広い靴は、
足のアーチを崩す
足によくない靴です

2. ハイヒールは痛くて 足に悪い靴

足に合ったハイヒールなら
痛くないし、むしろ足を
サポートする靴です

3. 私の足に合う靴はめったにない。 私の足がヘンなのかも……

日本の靴メーカーが
現代の日本女性の
足に合う靴を
つくっていないだけです

説明しましょう！

幅の広い靴が足にいい
歩きやすい靴

私、幅広甲高だから幅の広い靴じゃないと履けないんです
それは誤解です！確かに、かつての日本人女性の足は幅広甲高でしたが、いまは違います

左のグラフを見てください。52歳以上の女性はE以上の幅広足が多いけれど、若い女性はその割合が減っています

〈年代で変化している日本人女性の足〉

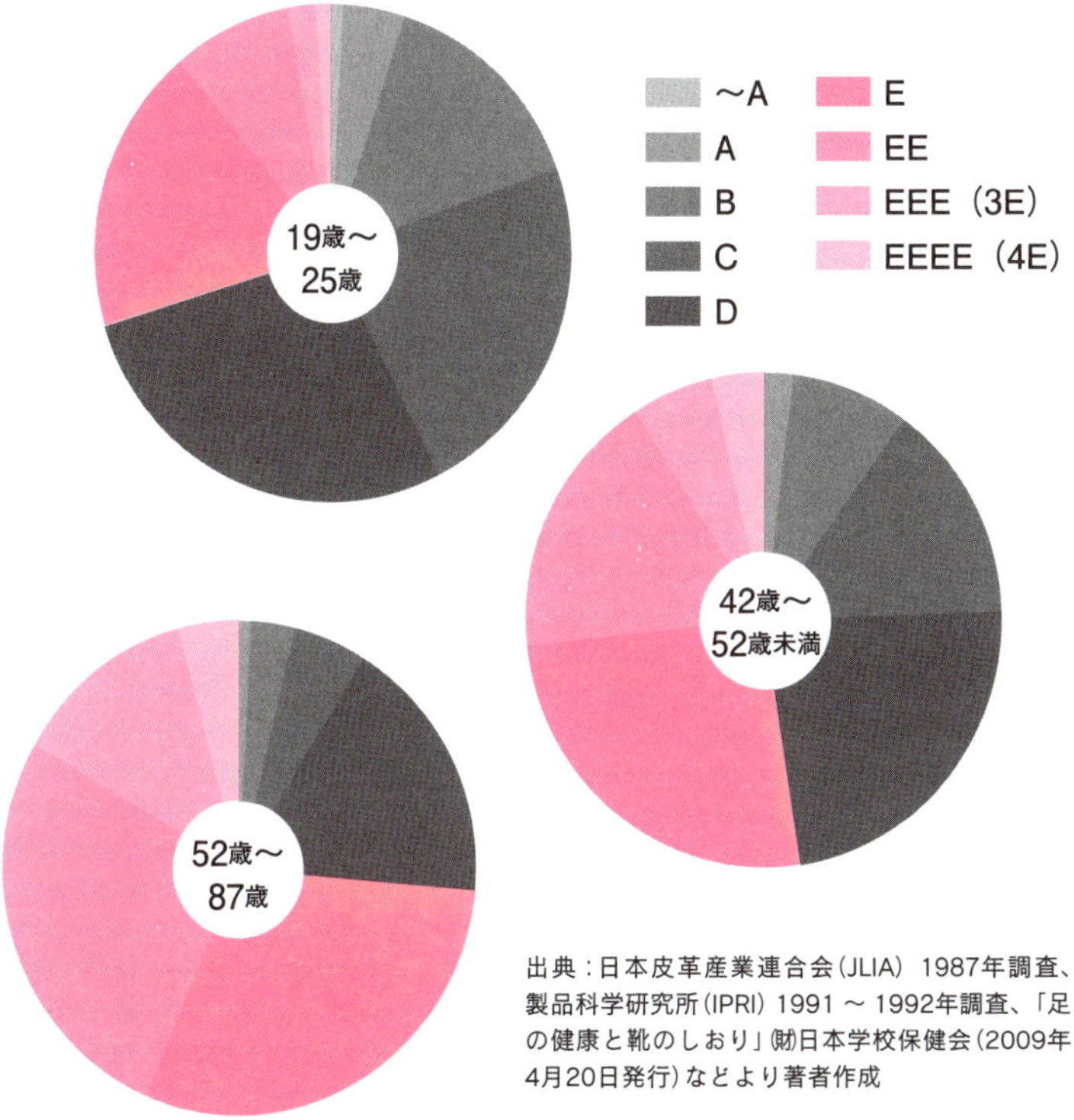

出典：日本皮革産業連合会（JLIA）1987年調査、製品科学研究所（IPRI）1991〜1992年調査、「足の健康と靴のしおり」(財)日本学校保健会（2009年4月20日発行）などより著者作成

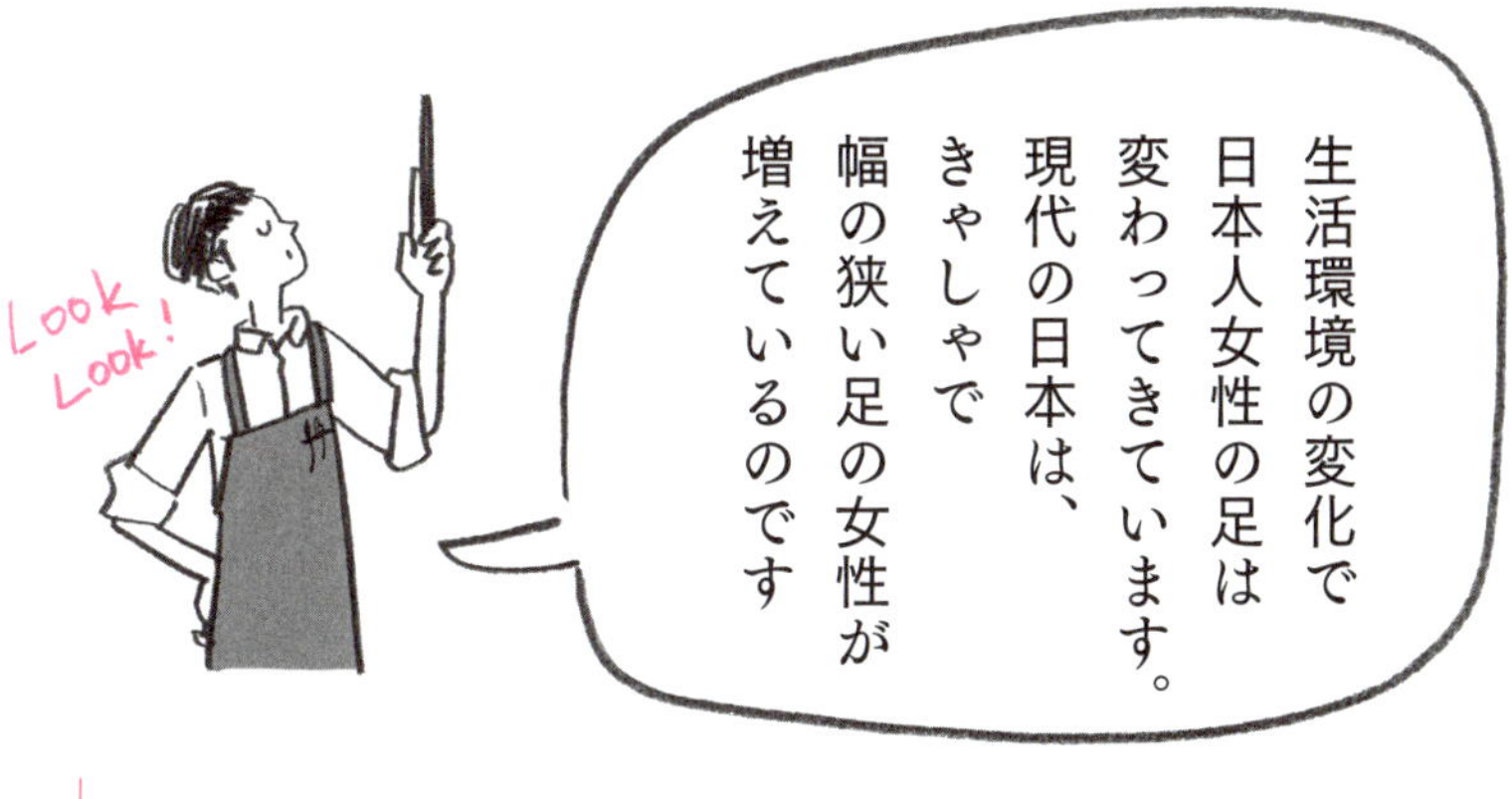

ハイヒールは痛くて足に悪い靴

私の足に合う靴はめったにない。私の足がヘンなのかも……

足に合う靴を探しまわっているんですが、見つからなくて……きっと私の足がヘンなんですよね（涙）
そんなことありません！日本の靴メーカーが現代の日本女性に合う靴をつくれていないだけです
下のグラフを見てください

〈女性の靴の周径分布〉

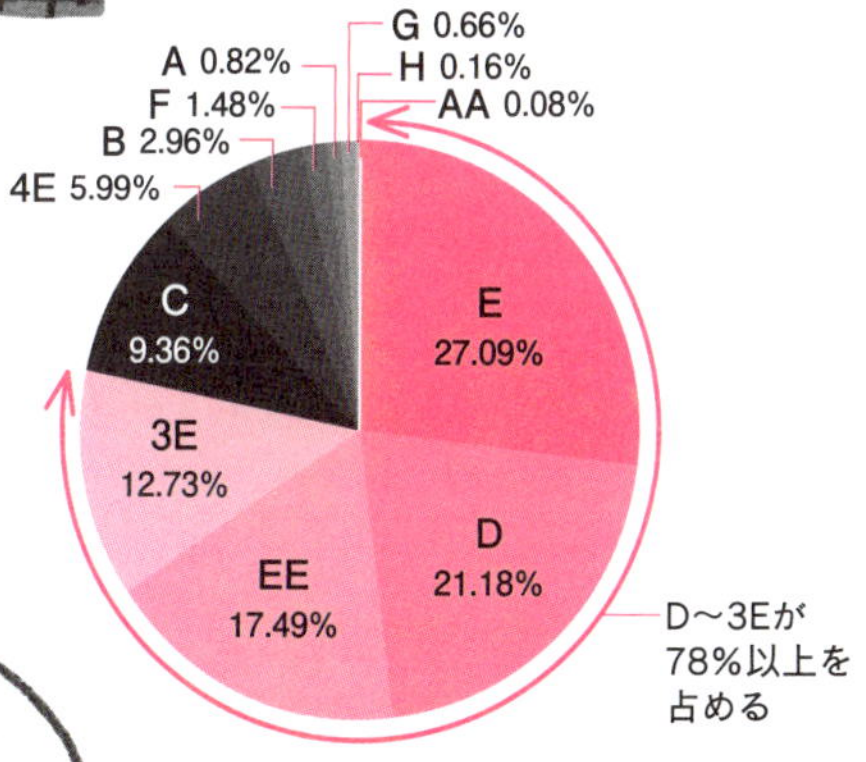
G 0.66%
H 0.16%
AA 0.08%
A 0.82%
F 1.48%
B 2.96%
4E 5.99%
C 9.36%
E 27.09%
D 21.18%
EE 17.49%
3E 12.73%
D〜3Eが78%以上を占める

日本の主要な靴メーカーは需要の多い大きさを中心につくっているため、約20％の人の足に合う靴はごくわずか。

（2008年JLIA調査を基に作成）

日本人女性の足はどんどん細くなっているので、実際は「自分の足に合う靴が見つからない人」はもっと多いと私は考えています
Look Look!

３つの誤解のうち、思い当たることはありましたか？
はい、びっくりしました。〝目からウロコ〟が落ちました！
最初に残そうとしていたパカパカの靴は足によくない靴なんですね！

ただ、この靴は靴ずれができて、痛くて履けないんです……
靴ずれができるのは、足に合わないからではなく、〝ちょっとだけ大きさが違う〟からなんです。この〝ちょっと〟は自分で調整できますよ

ジャーン
市販されているインソールです
これを上手に使えば、
痛い靴が歩きやすい靴になります！
それは？

インソールって靴が大きすぎるときに使うグッズですよね？

Non Non!

サイズ調整にももちろん役立ちますが、それだけじゃないですよ。裏技を使えば、痛い靴を、あなたの足にぴったりな靴にカスタマイズできます
えーっ、夢みたい！

ただし、説明書通りに使ってもダメ。目的に合わせて、適材適所に使うこと。そうすれば、あなたの靴がシンデレラの靴に生まれ変わります！

「痛くない」

「歩きやすい」

「足にぴったり」

♪

すごいです！

ほんとに
シンデレラの靴
みたい！

Hmm...
でも、自分じゃできないですよね？
インソールの裏技って難しそう……

大丈夫！
自分でできますよ。
もちろん、プロのように
完璧に調整するのは
難しいです。
でも、自分の足をいちばん
よくわかっているのは自分。
ちょっとしたコツを
マスターすれば、
自分でできます！
MASTER of INSOLE

CONTENTS

第1章

なぜ足に合う靴が見つからないの？

第2章

痛い靴がラクに歩ける靴になる! インソールテクニック

第3章

女性の足は想像以上に変化する

第4章

靴選びの常識 ウソ・ホント

第1章

なぜ足に合う靴が見つからないの？

靴の選び方、間違っていませんか？

靴屋を継ぐとき、女性たちからお願いされたこと

私が靴屋を始めたのは、妻の実家を継ぐためでした。13年前にサラリーマンを辞め、神戸・元町で100年以上続く老舗「コウベヤ」を継ぎました。

会社を辞めるとき、80名以上の女子社員からこんなお願いをされたのです。

「西村さん、私たち、足に合う靴が見つからなくて困っているの。靴屋を継ぐんだったら、私たちの足に合う靴を販売して！」

実は、サラリーマンとしての最後の仕事は「顧客満足」が担当でした。お客様目線のニーズを、会社の仕組みに落とし込む仕事をしていたのです。

そんなこともあって、「私たち未来の顧客だから」とかなり念のいったお願いを

されたのです。

正直、靴屋を継ぐ前は「これだけ顧客のニーズがはっきりしているのだから、問題を解決するのは簡単だ」と安易に考えていました。

ところが、実際には非常に難しかった。なぜなら、日本の靴業界には顧客が満足する靴をつくる仕組みが存在していなかったからです。

その大きな要因が、いまの日本人女性の足に比べて「大きすぎる靴」がつくられ、売られているという現実でした。

「大は小を兼ねる」という言葉がありますが、「大きな靴をつくっておけば、小さな足の人も履けるのだからいいだろう」という考え方が靴業界にもあり、大きめの靴を中心につくられているのです。

そこには、「日本人女性の足は幅広甲高だ」という思い込みも大きく影響していました。この思い込みは靴業界だけではありません。ユーザーである女性本人も、「自分の足は幅広甲高だ」と思い込み、実際よりも大きな靴を選んでいるケースが多いことを、これまでの経験から強く感じています。

靴の周径（ウィズ）って知っていますか？

靴を選ぶときに大切なのは、長さ（サイズ）が合っているかどうかだけではありません。足囲と靴の周径が合っているかどうかも重要です。

「足囲」とは、足の親指の付け根と小指の付け根の骨の、それぞれのもっとも出っぱっている部分を結ぶ外周のこと。靴の「周径」とは、靴のもっとも幅が広い部分をぐるりと結んだ長さのこと。

靴の裏や内側に、アルファベットのE、EE、Dといった表記を見たことはありませんか？　これが靴の幅を意味する「ｗｉｄｔｈ（ウィズ）」、靴の周径です。本書内の「大きな」とは、長さだけでなく、周径も大きいことを意味しています。

日本工業規格（ＪＩＳ）では、女性の靴のサイズは19〜27㎝、周径はＡからＦまであり、Ａがもっとも細く、Ｆがもっとも太くなります。

周径は、靴を選ぶときのとても重要なポイントです。

ところが、日本で靴を買うときに周径をチェックする人はほとんどいません。それどころか知らない人も多いのではないでしょうか。そもそも、周径の表記がされていない靴も多いのですから。

実は、この「周径の認知度が低いこと」が、間違った靴選びの要因となっています。日本人女性の足は細く、きゃしゃになっているのに、実際に売られているのはE、EEなど幅の広い靴が中心です。その結果、自分の足よりも大きな靴を選んでしまっている女性が多いのです。

周径についてほとんど知られていないこと、また靴メーカーの怠慢が、多くの女性を悩ませる原因となっているのです。

どんどん細くなっている日本女性の足

日本でつくられている靴が、EやEEなど幅広のもの中心なのには理由があります。それは、現在70〜80代の日本人女性が20〜30代だったころ、「幅広甲高」の人が多かったからです。そのため、依然として日本人女性の足は幅広甲高であるという誤解が根強く残っているのでしょう。

〈年代で変化している日本人女性の足〉

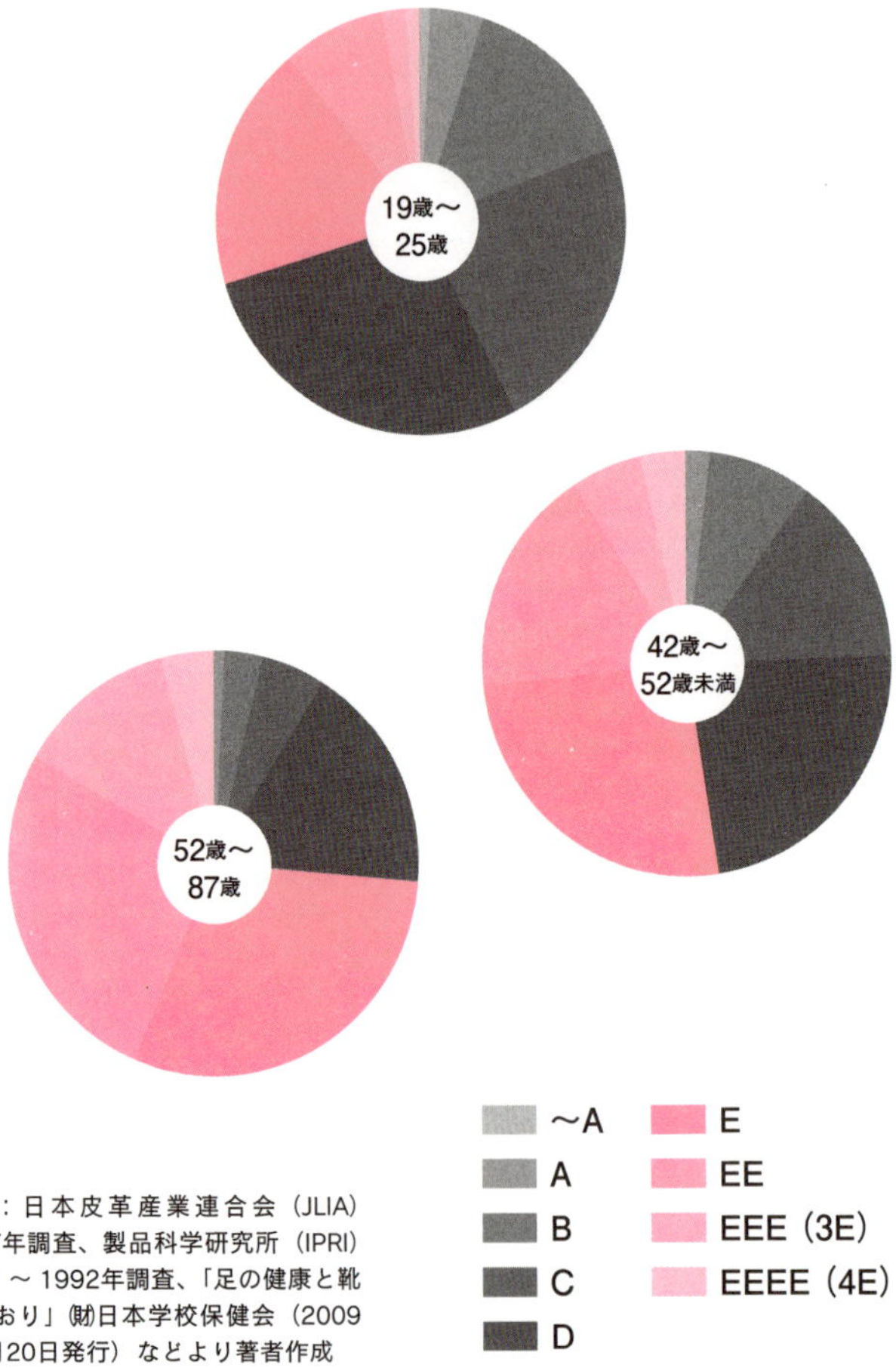

出典：日本皮革産業連合会（JLIA）1987年調査、製品科学研究所（IPRI）1991～1992年調査、「足の健康と靴のしおり」㈶日本学校保健会（2009年4月20日発行）などより著者作成

前ページのグラフを見てください。52～87歳はD、E、EEと足囲が大きめです。ところが19～25歳になるとこれが一変します。CとDがもっとも多く、次いでEとBの割合が高く、EEは少数です。

50代以上の女性に比べて、若い女性の足は明らかに細くなっています。

昔の日本人の生活を考えてみてください。江戸時代は、ほとんどの場合、歩いて移動していました。戦前戦中も電車や車、バスなどの交通手段が今ほど発達していなかったので、とにかくよく歩いていました。

また、畳の上の生活で、立ったり座ったりする回数が多く、トイレは和式です。和式のトイレは毎回、負荷の高いスクワットをしているようなもの。下半身をよく使う生活をしていたため、そのころの日本人女性の足は鍛えられ、幅広甲高だったのです。

しかし、戦後、日本の生活環境はがらりと変わりました。交通手段が発達して歩く機会が減りました。さらに、和室のない住居が増え、イスに座る時間が長くなりました。トイレも洋式がほとんどです。

生活環境が欧米化した結果、日本人は長くすっきりした脚を手に入れました。それに伴って足も細く、きゃしゃになっていったのです。

日本人女性の足は細くなったのに、靴の周径は大きいまま

ところが、その事実に靴業界は気づいていません。古いデータのまま靴をつくり続けています。現在の日本人女性の足がどうなっているのか、データをとることすらしていないのです。

日本人女性の足が変化しているのですから、靴もそれに合わせてラインナップを変えるべきなのに、ほとんどの靴メーカーが対応できていないのが現状です。

大きな足は小さな靴には入りません。しかし、きゃしゃな足は大きな靴に入ります。大きな靴をつくったほうが、販売効率がいいのです。

利益を追求する企業は、どうしても販売効率のいい商品を選びます。現在、靴売り場に並ぶ靴のほとんどがD、E、EEと幅広なのは、メーカー側の都合でしかないと私は考えています。

しかし、このサイズ展開では、20～30代女性には大きすぎる靴ばかりということになってしまいます。これが、足に合う靴が見つからないと悩む女性が増える要因となっていることは間違いないでしょう。

さらに、「日本人の足は幅広甲高だ」と聞いて育ち、そう思い込んでいる女性も少なくありません。

自分の足は幅広甲高であるという間違った思い込みのまま、幅の広い、自分の足に比べて大きな靴を購入しているお客様をたくさん見てきました。

ユーザーの現状に合った靴をつくっていない靴メーカーの怠慢と、日本人女性の足は幅広甲高だから幅の広い靴のほうがラクだという間違った思い込みが、足に合わない幅広靴を選ぶ女性の増加を招いているのです。

幅広靴は、歩くとかかとがパカパカと抜けやすく、指先が靴の先に突っ込んでしまう、歩きにくい靴です。大きさの合わない靴で歩くのは、足にとって決していいことではありません。

大きめの靴は、なぜいけないないの？

幅広靴で足のアーチが崩れる

幅の広い大きな靴を履き続けることで起こりやすいのが、足に体重をかけたときとかけないときの足囲の差が大きい「開張足」という状態です。

足は立体的な構造をしていて、足裏には縦と横にアーチ状の空洞が保たれ、歩いたときの衝撃をやわらげるクッション的な役割を担っています。内側にある縦の足裏アーチが、「土踏まず」と呼ばれるところです。

足に合わない幅の広い靴を履いていると、歩くときに足指や足裏の筋肉をうまく使えません。それによって筋肉が衰え、足裏のアーチが崩れて開張足になってしまいます。開張足になると、体重をかけていないときは足裏のアーチを保てますが、

《健康な足のアーチ》

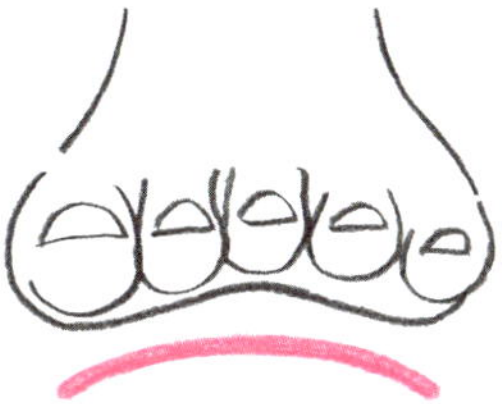

《開張足》

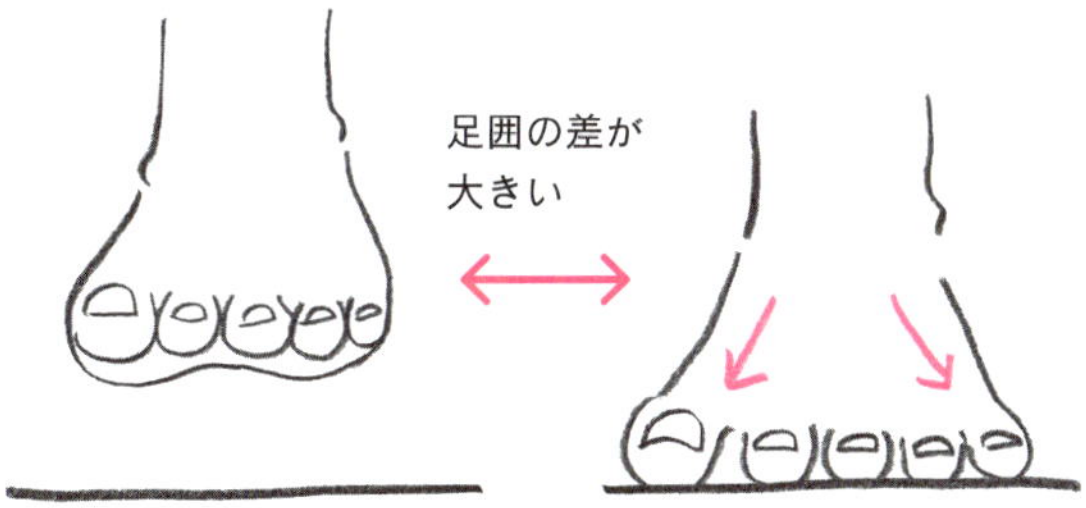

体重をかけていないとき

体重をかけたときに足の
幅が広がりすぎてしまう

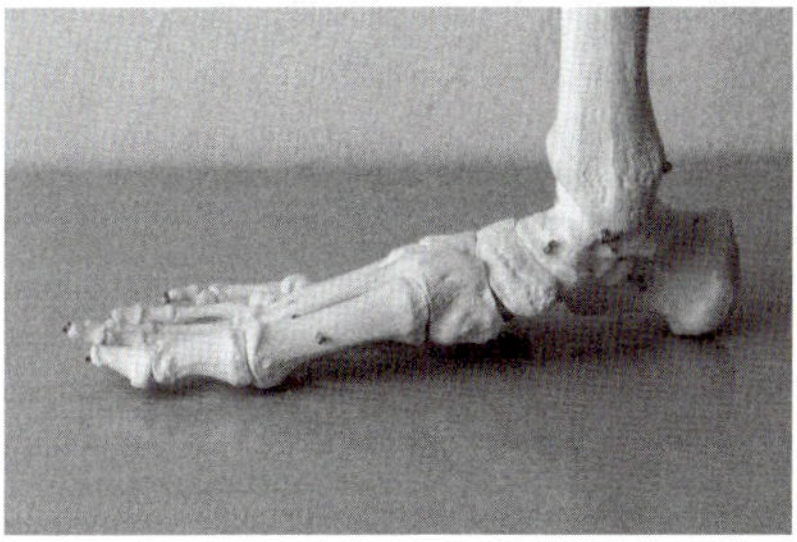

開張足

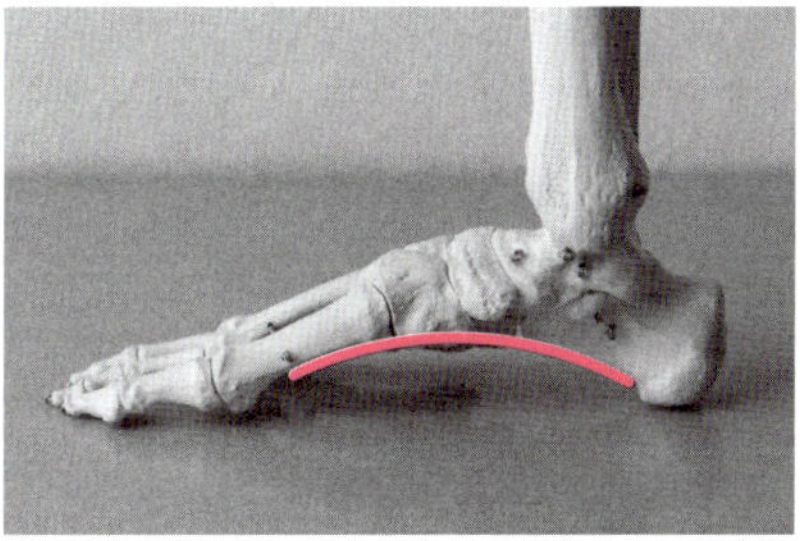

健康な足

体重をかけると荷重に耐えられず足裏のアーチが崩れ、足が広がってしまうのです。

体重をかけたときとかけていないときの足囲の差が1・2cm以上ある場合は、開張足の可能性が大です。「そんなに違うの？」と驚かれるかもしれませんが、1cmくらい違う人はザラにいます。足に合う靴がないと悩んでいる人のほとんどは、開張足であるといってもいいくらいです。なかには2cm以上差がある人もいます。

足に合った靴やオーダーメイドインソールを用いて、外反母趾やひざの痛みなどの足のトラブルの治療を行っている内田俊彦医師（整形外科医）の調査によると、いまの日本人女性の、体重をかけたときの足囲とかけていないときの足囲には、かなり大きな差があることがわかります（次ページグラフ参照）。

体重をかけたときの足囲はE、EE、3E（EEE）が多いのですが、体重をかけていないときはB、C、Dの割合がぐっと増えています。注目すべきは、A、AAなど一般的にはあまり販売されていないかなり細い足囲の人が増えている点です。開張足がひどくなるほど、体重がかかっているときとかかっていないときの足囲の差が大きくなり、これが幅広靴を選んでしまう原因となっています。

《荷重足囲と非荷重足囲の割合》

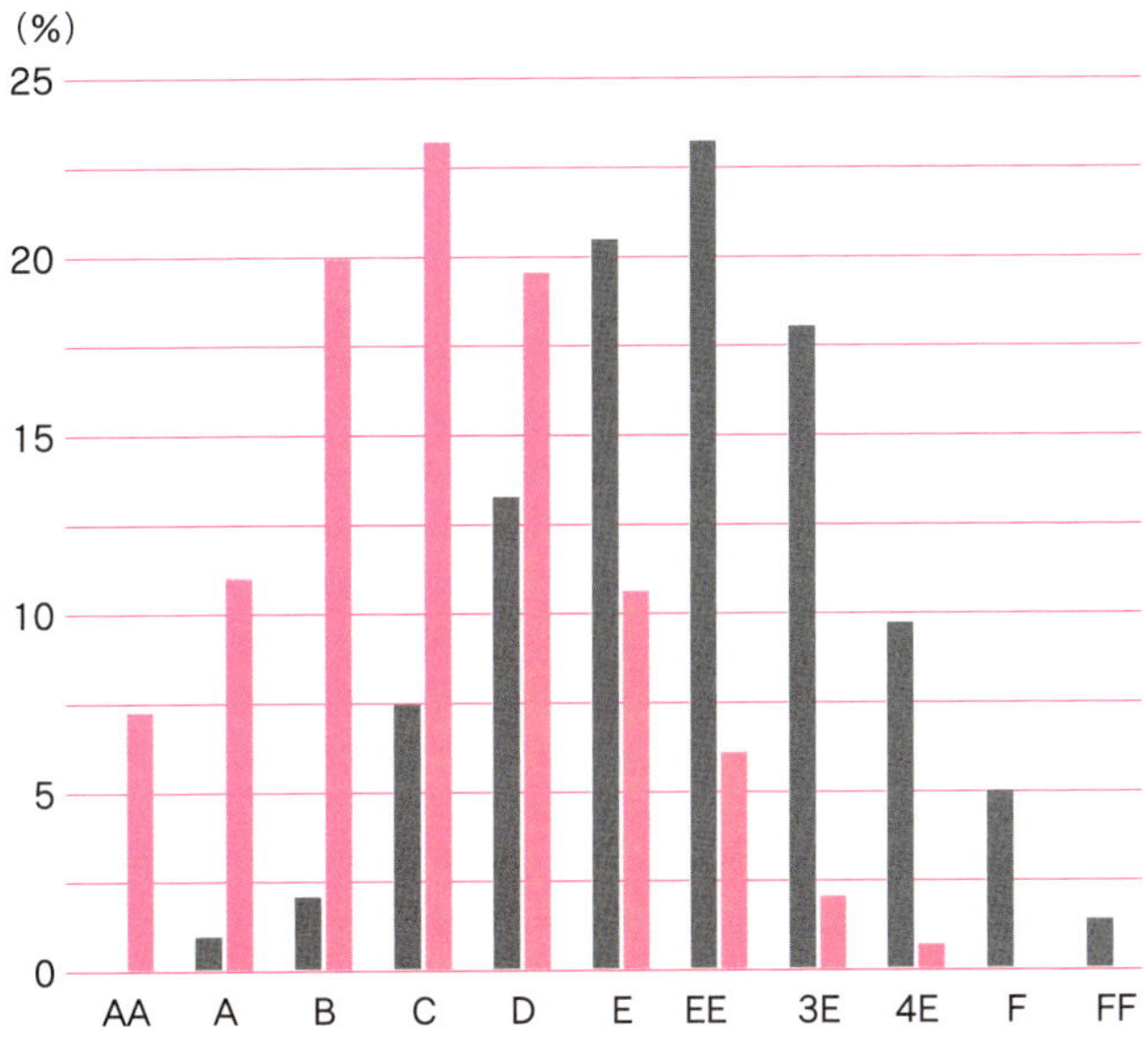

全例女性／3540例、7080足

年齢／13〜90歳

荷重足囲

非荷重足囲

靴を、広がった足の状態に合わせて選ぶため、どうしても体重がかかっていないときの足よりも幅が広く、ゆるい靴を選ぶことになります。これにより、幅広靴が開張足を招き、開張足が原因でさらに幅広靴を選ぶようになるという悪循環が生じるのです。

ゆるい靴を履いていると、歩くときに足指は靴が脱げないように靴をつかもうとします。基本的に、筋肉や関節は一度にひとつの動きしかできないので、足指が靴をつかんでいると、歩行のために地面を蹴る動きができなくなります。

そうなると、足指や足裏にタコができたり、足指が変形したり、爪がつぶれたりします。ひどくなると外反母趾《がいはんぼし》や内反小趾《ないはんしょうし》など、痛くて靴が履けないくらいのトラブルになるケースもあります。

幅広靴を履くと「前すべり」する

かかとが抜ける、親指の付け根が痛い、小指が痛い、指の上にタコができる、扁平足、歩くと疲れる……。これらのほとんどは、足に合わない幅広靴を履いていることが原因です。幅広靴を履いているときに靴の中で起こっていることを、詳しく見ていきましょう。

大きな靴で歩くとき、足は靴の中で前にすべってしまいます。この状態は「前すべり」と呼ばれ、足のトラブルの大きな要因です。

特にハイヒール（履き口が大きくひもや留め具のない婦人靴はパンプス。ハイヒールはかかとの高い婦人靴のこと。本書でのハイヒールは、一般的になじみのあるかかとの高いパンプスをさす）は、つま先に重心がかかるので、前すべりしやすい構造になっています。

前すべりしているかどうかは、足指の状態を見ればわかります。

自分の足をチェックしてみましょう。

足の爪が手の爪のように天を向いていますか？　小指の爪がつぶれていませんか？　爪が指に食い込むように埋まっていませんか？　もし当てはまるものがあれば、あなたの足は、靴の中で前すべりしています。

同時に足指もチェックしましょう。指が縮こまっていたり、不自然に曲がっていたり、指の上にタコができていたり、足を床につけたとき指が床から浮いていたり（浮き指）していませんか？

これらもすべて前すべりの結果です。当てはまる人は、足に合わない靴を履いているということです。

靴が合っていないからふらつき、よろける

足に合わない靴を履いていると、靴の中で足指は正しい動きができず、歩くときに重心の移動がうまくできません。バランスが悪くてふらつくため、体は足裏の面積を広げて安定させようとします。

足に合わない大きな靴を履いていると開張足になるのは、実は、うまく歩こうとする体の反応でもあったのです。

また、かかとがパカパカ抜けそうな靴を履いていると、骨盤があるべき位置に収まらず、股関節のはまり方が浅くなって、体のバランスをとる筋肉の動きが妨げられます。そのため、ふらついたり、よろけたりするのです。

歩くときにかかとが抜けそうな靴の中では、足指は靴をつかもうとするので、足指本来の動きができません。これが続くと、足指の動きや足裏の筋肉が衰えます。かかとを上げて立ったときにふらつく人は、足指や足裏の筋肉が衰えて、自分の体重を支えられなくなっているサインです。

足に合う靴をはけば、骨盤や股関節が本来あるべき位置に収まりますし、足指や足裏の筋肉が正しく使えるようになります。

合わない靴で歩くと疲れる、靴が壊れる

そもそも、歩いて疲れるのはおかしいのです。疲れるのは、歩くときに本来使う筋肉を使わず、別の筋肉を使っているからと考えられます。

パカパカする靴の中で靴をつかんだり、バランスをとっているとき、足は歩行には通常使わない筋肉を使っています。そして、本来、歩くために使う筋肉を使っていないのです。

これでは疲れるのも無理はありません。

また、足に合わない靴を履いていると、靴が壊れてしまいます。ひどいときにはたった1日履いただけで壊れることもあります。

靴をうしろから見たときに、かかとの位置が左右でズレていないかチェックしてみてください。かかとが減ってズレている場合は別ですが、そうでなくてズレている場合は靴が壊れています。

靴が壊れるのは、足指の曲がる位置と靴の曲がる位置が合っていないケースがほとんどです。ここがズレていると、靴に大きな負荷がかかり、1日しか履いていなくても壊れることがあるのです。

よく考えれば、1回の外出で6000歩以上歩くとすると、片足だけで3000回以上、靴を踏んでいることになります。それだけ踏むのですから、足と靴が合っていなければ壊れてしまうのも納得です。

もし靴をうしろからチェックして、左右のバランスが崩れている靴が多いとしたら、あなたは、曲がる位置の合っていない靴を選んでいる可能性が大です。

足指の曲がる位置と靴の曲がる位置って？

実は靴を選ぶとき重要なこと

足指の曲がる位置を、専門家は「ボールジョイント」と呼んでいます。かかとを上げたときに曲がる位置のことで、親指の付け根と小指の付け根の骨の、それぞれのもっとも出っぱっている部分を結んだライン、つまり足囲を測る位置と同じです（次ページ参照）。

靴にも足と同じように曲がる位置があります。歩行時に足が曲がるのに合わせて、靴も曲がるように設計されているのです。

靴の曲がる位置からかかとまでの長さが、自分の足と同じなら前すべりしにくく、かかとが抜けることもありません。

《ボールジョイント》

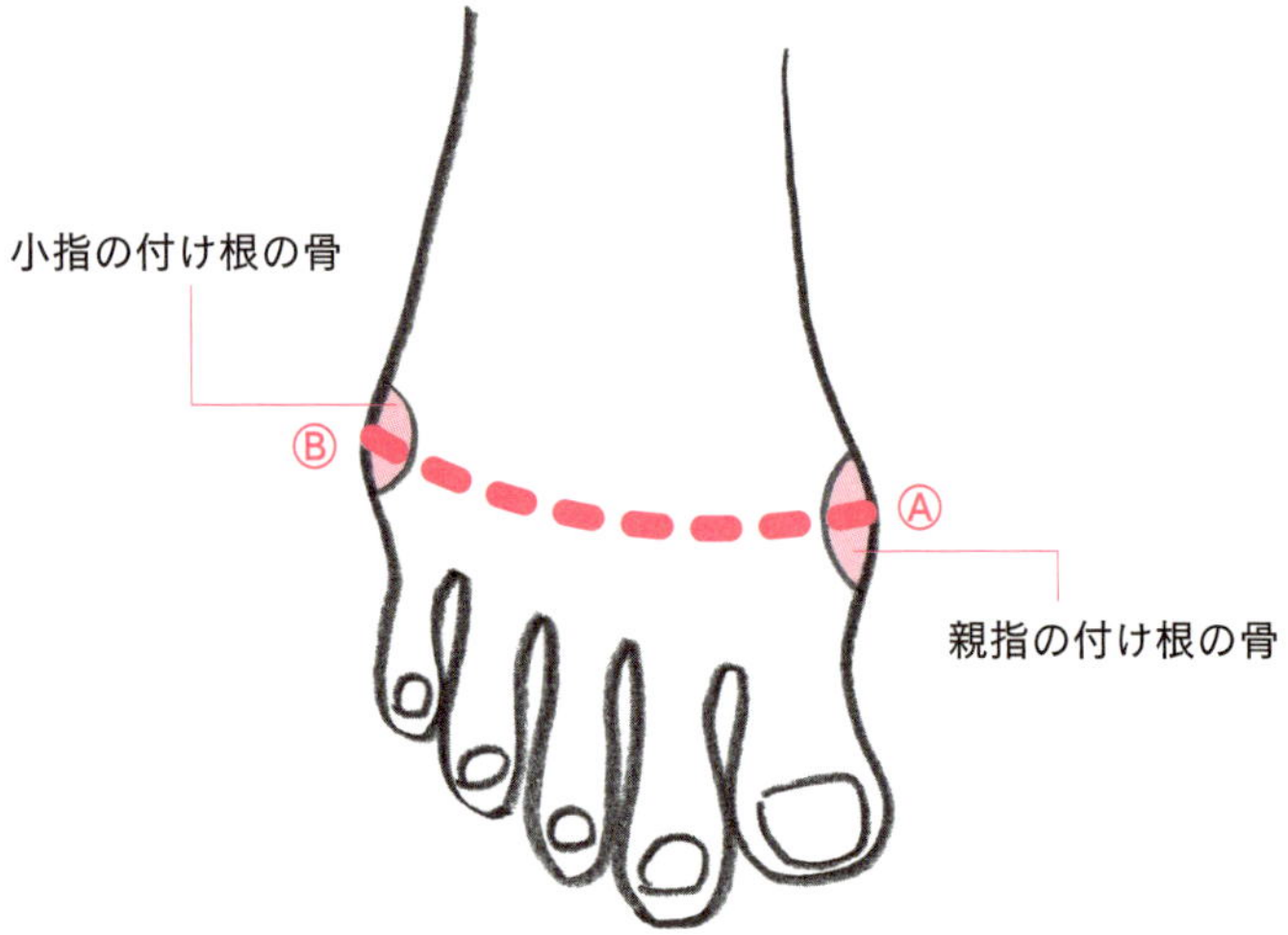

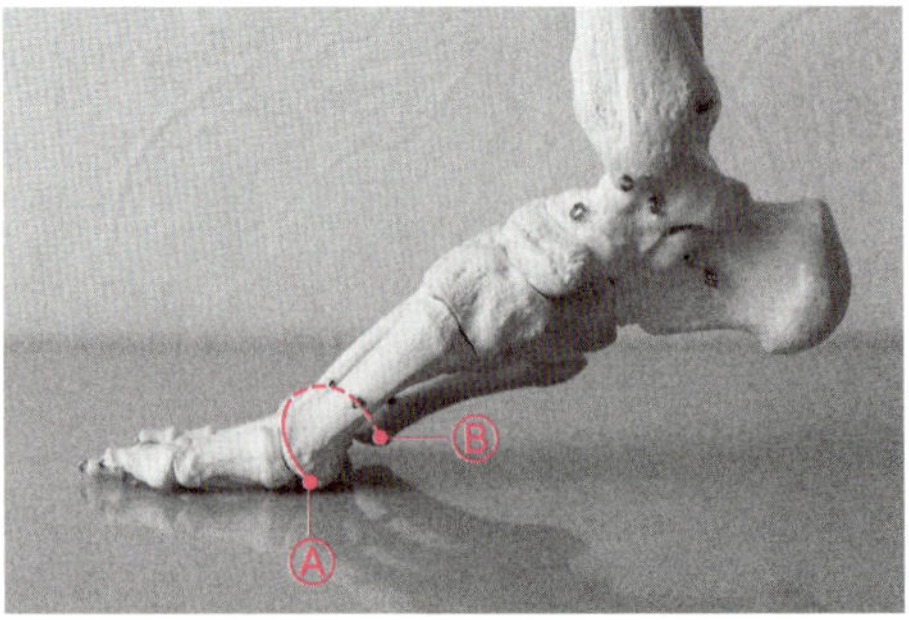

実は、靴を選ぶときにいちばん重要なのは、このボールジョイントと靴の曲がる位置が合っているかどうかです。これが大きくズレていると、足に大きな負担がかかります。1日履いただけで壊れてしまう靴のほとんどは、曲がる位置がズレています。

靴を選ぶ際、曲がる位置が合っているかどうかは、むしろサイズが合っているかどうかより重要といってもいいくらいです。それなのに、このことを知っている人はほとんどいません。

一般の人だけでなく、靴の専門家であるシューフィッターも、全員が知っているわけではありません。きちんと勉強してわかっている人もいますが、そうでないシューフィッターもいます。教科書には載っているので、教育の問題なのでしょう。

まずは、自分のボールジョイントの位置を知り、試着するときには靴の曲がる位置と合っているかどうかをチェックして、合わない靴は選ばないようにしましょう。

ボールジョイントと靴の曲がる位置が違うとどうなる？

ボールジョイントと靴の曲がる位置がズレていると、かかとを上げたときに、靴にシワが寄ったり、靴の履き口がパクッと開いた、いわゆる「靴が笑った」状態になったりします（57ページ参照）。足指が前につっこみやすいので、履き口のところが痛くなったり、指先が痛くなったり、指の上にタコができたりします。

靴の曲がる位置がボールジョイントよりも前にある靴を履いていると、歩行時にかかとを上げたとき、足が前につっこんで、ボールジョイントと靴の曲がる位置を合わせようとします。つまり、前すべりします。

逆に、靴の曲がる位置がボールジョイントよりうしろにある場合は、歩行時にかかとを上げたとき、つま先が跳ね上がって履き口のところが痛くなります。

足の形と靴の形は合っている？

足の形は3タイプ

ここからは、靴を選ぶときに何をチェックすればいいのかを具体的に紹介していきましょう。足に合わない靴を選ばないための大事なポイントです。

まず、自分の足の形をチェックしましょう。

足の形には、大きく分けて「エジプト型」「ギリシャ型」「スクエア型」という3つのタイプがあります。すべての足が見本のような形をしているわけではないので、いちばん長い指がどれかで判断します。

親指がいちばん長く小指にかけて短くなっているのが「エジプト型」、人さし指がいちばん長い場合は「ギリシャ型」、親指、人さし指、中指がほとんど同じ長さの場合は「スクエア型」です（次ページ参照）。

指が縮こまっていると本来の足の形がわかりにくいので、足指をしっかり伸ばしてチェックしましょう。

靴を裏からチェックしよう

自分の足の形のタイプがわかったら、それに合ったデザインの靴を選びます。

ここで裏技です。靴の形をチェックするときは、必ず裏返して見ること。靴を買うとき、通常、表から見たデザインにばかり注目しがちですが、デザインはいわば靴の化粧のようなもの。

セミナーなどでは、「靴の裏側は女性が化粧を落とした顔」と説明するのですが、裏側から見る靴は、まったく別の顔を見せることがあります。裏から見た靴の本当の形は、もしかしたらあなたの足とは合わない形かもしれません。

靴は裏から見たほうが本当の形がわかりやすい、ということをぜひ覚えておいてください。

《足指の長さから見るタイプ分け》

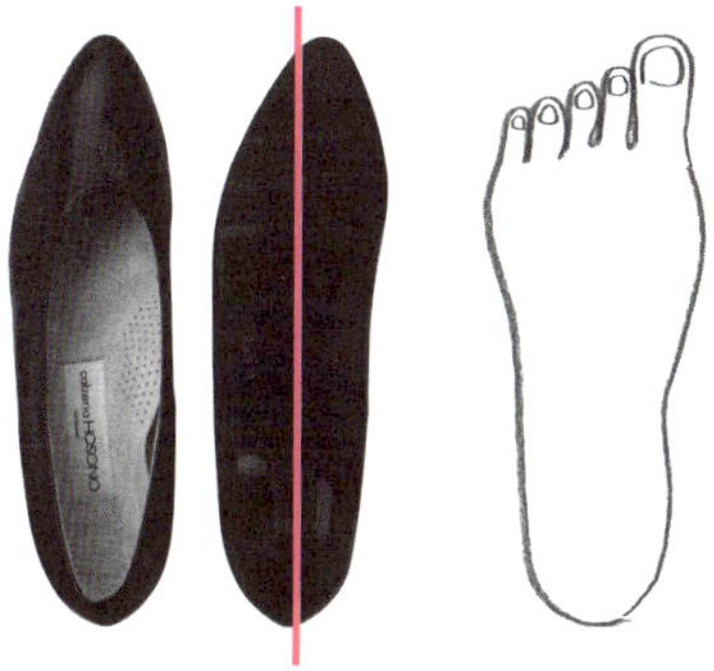

①エジプト型

親指がいちばん長く、小指にかけて短くなっている

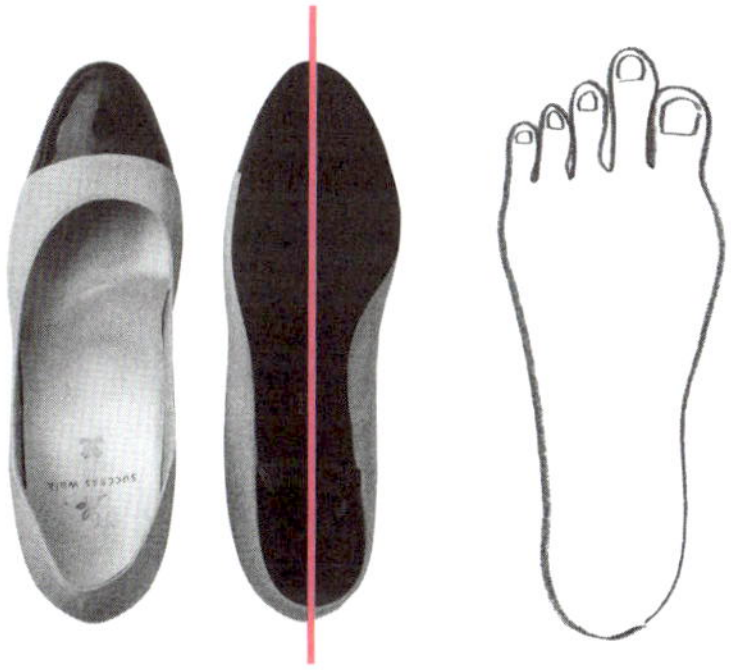

②ギリシャ型

人さし指がいちばん長く、途中に山ができる形になっている

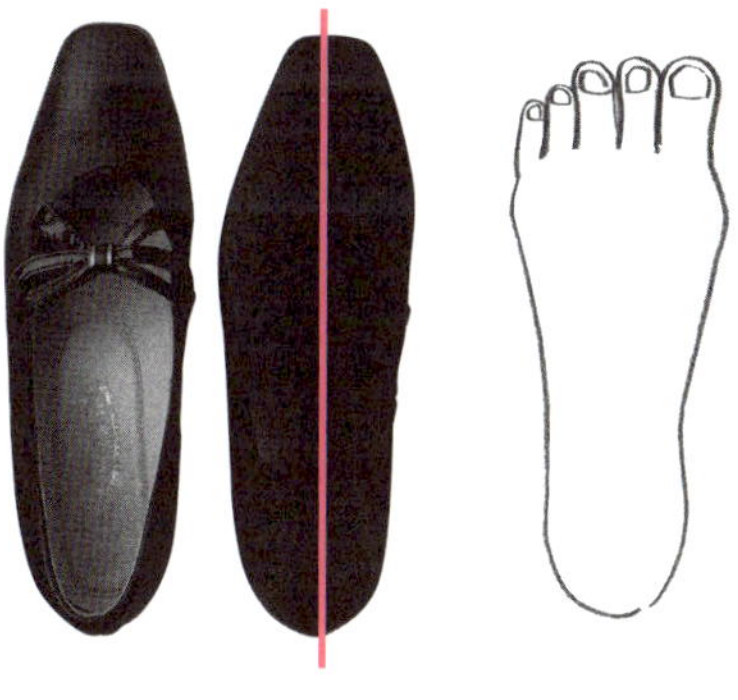

③スクエア型

親指、人さし指、中指はほとんど同じ長さ

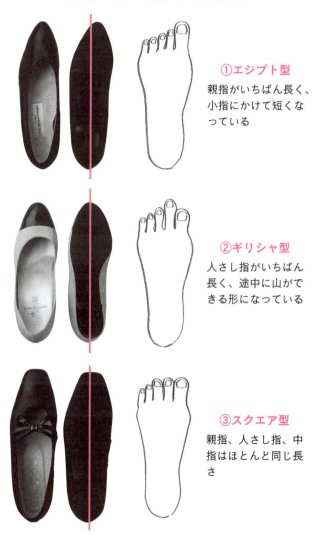

エジプト型に合うのは、靴先のしぼり（とんがっている部分）が親指側に大きく傾いているタイプの靴です（前ページ①）。小指に余裕のないデザインになっているものが多いので、小指が長い人はそこがきつくないものを選びましょう。

ギリシャ型に合うのは、靴先のしぼりがあまり傾いていないタイプ（同②）です。表から見るとギリシャ型でも、裏からチェックするとしぼりが右側に傾いているエジプト型向きの靴もあるので要注意です。

スクエア型の人は、靴先のしぼりがゆるやかで、つま先に余裕のあるタイプ（同③）を選びましょう。スクエア型に合う靴は、ほかの足の形でも履けるやさしい靴が多いので、エジプト型やギリシャ型の人も試してみる価値はあります。

足にぴったりの正しい靴の選び方は？

サイズを信用せず、必ず履いてチェック

靴を選ぶときに誰もがチェックするのはサイズ（長さ）ですが、実は、ここにも落とし穴が潜んでいます。サイズは目安になりますが、あまり信用しすぎないほうがいいことを覚えておいてください。

例えば、ふだん23・5㎝の靴を履いていたとします。でも、あるメーカーの23・5㎝はきつく感じるのに、別のメーカーの23・5㎝はゆるく感じたことはないでしょうか。これは気のせいではありません。

靴メーカーが表示しているサイズをあてにしてはいけません。同じサイズ表記でも、実際のサイズはメーカーによって微妙に異なるからです。これは、イタリアの

靴ブランド「フェラガモ」の創始者であるサルヴァトーレ・フェラガモも言っています。「靴屋のサイズ表示はいい加減。信じられる物差しは自分の足だから、とにかく履いてみなさい」と自伝に書いているくらいです。

また、靴のフィット感は周径で変わってきます。同じサイズの靴でも、周径が違うとゆるく感じたり、きつく感じたりします。周径は表記されていないこともあるので、履いて確かめるしかありません。

メーカーのサイズ表示は目安程度に考えましょう。

①つま先立ちしてかかとをチェック
いよいよ、実際に履いてチェックしてみましょう。

靴が自分の足に合っているかどうかチェックする際、まず、かかとがフィットしているかどうかを確かめてください。かかとのフィット感をチェックするてっとり早い方法は、つま先立ちです。サイズと周径が合っていれば、かかとが抜けることはありません（次ページ参照）。足と合っていない靴は、かかとがスポッと抜ける

○

×

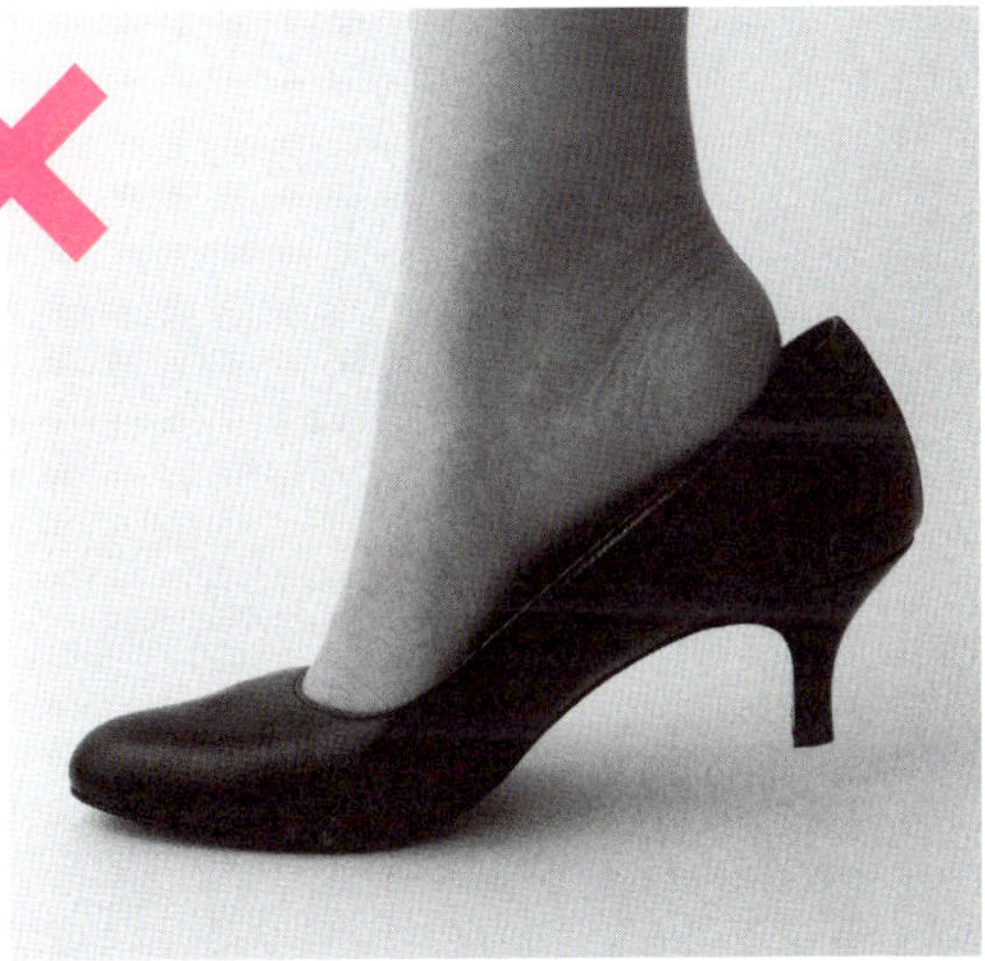

ので、わかりやすいですね。

かかとがフィットしていない靴は、靴ずれの原因になります。実は、かかとがゆるい靴の調整は、プロでも難しいといわれています。かかとは足にフィットしたものを選ぶようにしましょう。

でも、もし、どの靴を履いてもかかとが抜けるようなら、あなたの足囲はかなり細いと考えられます。その場合、ふつうの靴屋では合う靴がなかなか見つからない可能性があるので、かかとを小さめにつくっているメーカーや、周径の細い靴をつくっているメーカーで、自分に合う靴を探してみてください（173ページ参照）。

②シワが寄らないか、靴が笑わないかチェック

かかとが抜けなかったら、次にチェックしてほしいのが、かかとを上げたときに、靴の履き口がパカッと開いたり、シワが寄ったりしないかということです。履き口がパカッと広がった状態（次ページ参照）のことを、「靴が笑う」といいます。

靴が笑ったり、シワができたりするのは、ボールジョイントと靴の曲がる位置が

靴が笑った状態

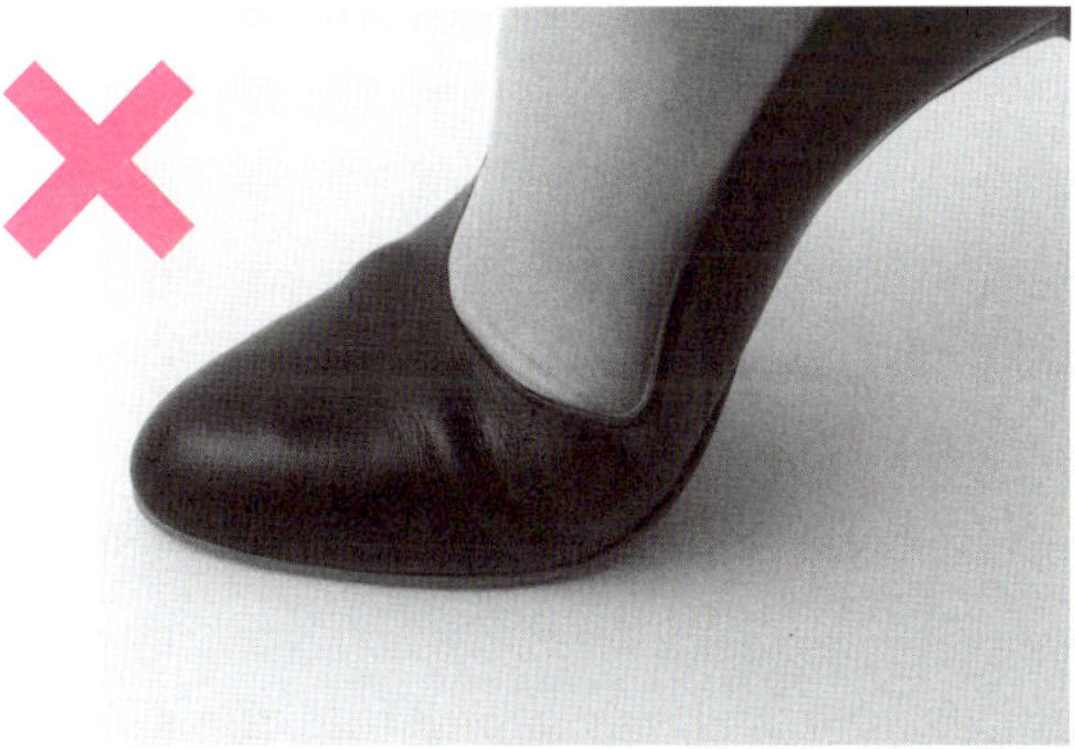

シワが寄った状態

合っていないからです。ここが合っていない場合は、前すべりしやすく、靴が壊れやすいのです。インソールで調整できるものもありますが、難しいケースも少なくないので、選ばないほうが無難です。

③靴と甲の間に指を入れてみる

次に、靴の履き口と足の甲の間に指を入れて、隙間をチェックします。ちょうどいいのは指の先が少しひっかかるくらいの空きがある靴です（次ページ参照）。

靴と足の甲の間に隙間があると、足が靴の中でうまく固定できず、靴ずれができたり、前すべりして指先に痛みを感じたりします。

指が1本入るときには、少し大きな靴ということになりますが、このくらいの隙間であればインソールで調整が可能です。

指が3本以上入る靴は大きすぎなので、購入しないことをおすすめします。インソールでの調整も難しいので、あきらめたほうが無難です。

○

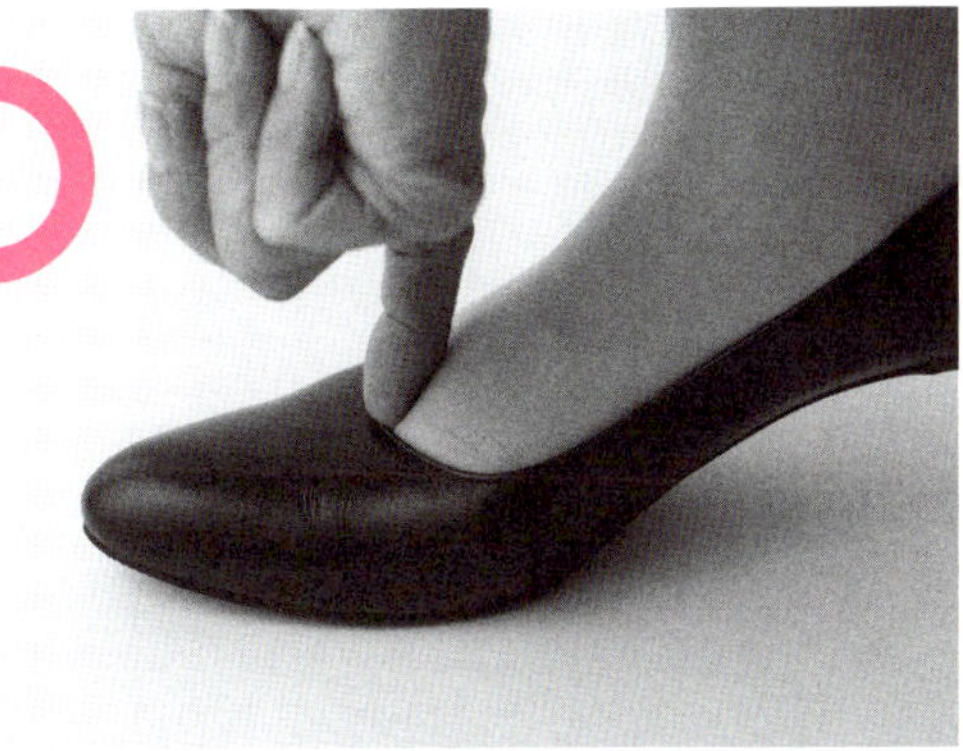

△

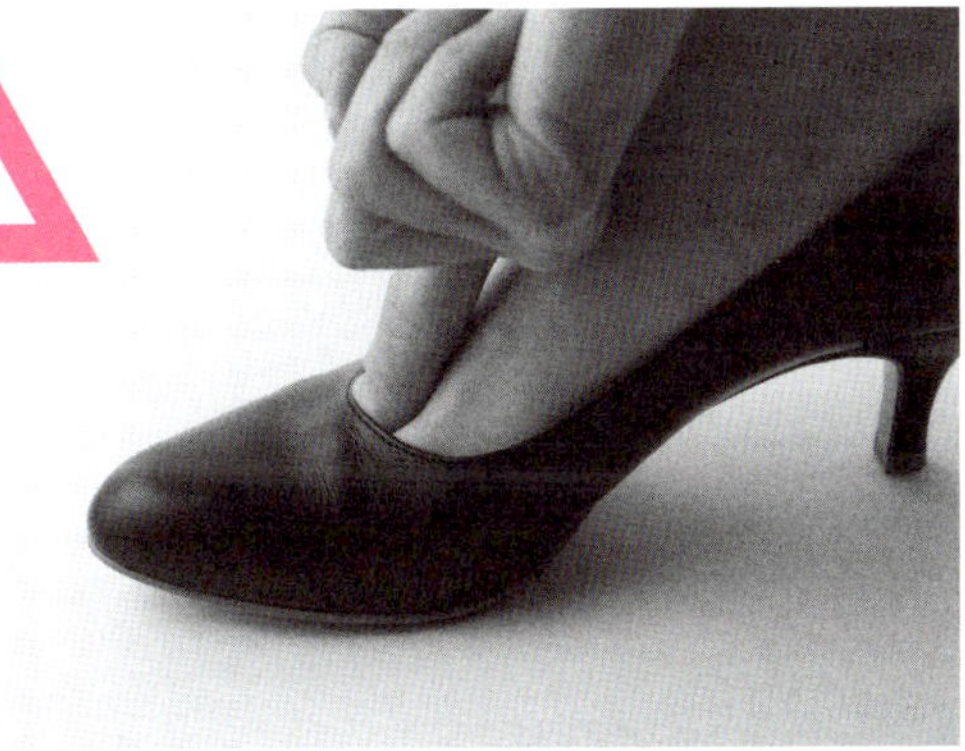

いかがですか？

靴を購入するときには、実際に履いてみて、以上の3つのポイントを必ずチェックしてください。それだけで、足にまったく合わない靴を選ぶことはなくなります。

これからはもう「買ったのに履けない」という失敗をしなくてすみます。デザインがいくら気に入ったとしても、履けない靴を買うのはもったいない、と思いませんか。

理想の靴はこんな感じ

では、足にぴったり合った理想の靴とは？

それは、かかとから足の甲までがしっかりホールドされていて、つま先部分に少し余裕があり、足指が自由に動いて地面がつかめる靴です。

こういう靴を履いていると、歩行時に足指や足裏の筋肉を正しく使えるので、ハイヒールを履いてもグラグラしません。変なところに力が入らないので、歩いても疲れません。

私がすすめる靴を初めて試着したお客様のほとんどが、最初に「こんなきゅうくつな靴で大丈夫なの⁉」と心配そうにおっしゃいます。ところが、実際に立って歩いてみると、そのバランスのよさ、歩きやすさにびっくりされます。セミナーのタイトルにもしているのですが、まさに「目からウロコが落ちました！」と言っていただくことが多いです。

この履き心地をいったん知れば、自分の足に合う靴と合わない靴の違いはすぐにわかるようになります。「百聞は一見に如《し》かず」という言葉があるように、本でお伝えできることには限界があります。

それでも、少しでもこの履き心地が伝わり、足に合わない靴を選ぶ人が少しでも減ることを願っています。

ぴったりのハイヒールがなぜいいのか？

ハイヒールは足を支える理想の靴

ハイヒールは歩きにくくて、ふらつくと思っている人がたくさんいますが、ハイヒールでバランスがとれず、歩きにくいと感じる原因のほとんどは、合わないハイヒールを履いているせいです。

ハイヒールは歩くと痛くなる靴、という一般的なイメージは大きな誤りです。足に合ったハイヒールを履いていると、たくさんのいいことが起こります。

きゅうくつに感じるくらい足にぴったりのハイヒールこそ、私たちの足を支えてくれる理想的な靴であることを、もっと多くの女性に知っていただきたいと願っています。ハイヒールの魅力をご紹介しましょう。

歩くのがラクになる

大きな靴を履いていると、歩行時、靴が脱げないように、足指が靴をつかむ動作をすることになります。関節や筋肉は一度にひとつの動作しかできないので、足指が靴をつかむ動作をしているときには、地面を蹴る動きができません。すると、足指から続く、足裏からふくらはぎの筋肉がうまく使えず、太ももや上半身にまでつながる筋肉の動きが妨げられてしまいます。

足に合うハイヒールを履くと、かかとから足指の付け根の手前までがしっかりホールドされて足裏のアーチが支えられるので、本来の足の状態が維持でき、歩行がサポートされます。足指を使って正しく歩くと、足指と連動している足裏やふくらはぎの筋肉も一緒に動くようになり、本来の筋肉の動きができるので歩行がラクになります。

足にぴったり合った靴で歩くと脳はその感覚を記憶するので、足に合わない靴を履いたときには「合っていない」ことがすぐにわかるようになります。

背すじが伸びて姿勢がよくなる

あまり知られていませんが、ハイヒールは寝ている骨盤を立てて元に戻す補助道具として、とても効果的です。

足にぴったり合ったハイヒールを履くと、背すじが伸びて姿勢がよくなります。体にムダな力が入らないので、巻き肩や反り腰なども自然と改善します。これは、かかとを上げて立つことで、股関節が本来あるべき場所に収まるからです。

股関節は体を支える土台。ここがきちんとはまると下半身がしっかりします。足指や足裏の筋肉が衰えて本来の働きができていなくても、かかとを上げて股関節があるべき場所に収まれば、足が地について踏んばることができます。

骨盤があるべき場所に戻り、股関節が深くはまると、立ったときの安定性が上がって歩きやすくなります。

足にぴったりで、適正な高さのハイヒールを履けば、足を「保護」し「補助」して、姿勢がよくなり、見た目も美しくなるのです。

ふくらはぎが刺激されてむくみ解消

ふくらはぎの筋肉と足指を動かす筋肉はつながっているので、ハイヒールを履いてつま先立ちになると、足指に力が入ることになり、それがふくらはぎにも伝わります。つまり、ハイヒールを履くだけで、かかとを上げてふくらはぎが緊張した状態になるのです。

足指につながっているふくらはぎの深層筋肉群は、主な静脈と動脈をはさみこむようになっています。この筋肉群が動くと、静脈と動脈がぐっと刺激されます。筋肉が収縮したときには血管が押され、弛緩したときにはゆるむという、この繰り返しがポンプのような働きをして、下半身から心臓へと血液を送り返します。「ふくらはぎは第二の心臓」といわれるのは、このポンプ機能があるからです。

足がむくむ原因にはリンパの流れの悪化も関係しています。実は、静脈とリンパ管は隣接しているので、血液の流れがよくなるとリンパの流れもよくなり、むくみ解消につながります。

一見、足にやさしいように思えるぺたんこ靴は、歩行時にかかとが上がらないので、ふくらはぎを刺激しません。むしろ、筋肉が縮んでしまいます。

脚が締まって細くなる

ふくらはぎの筋肉を使うと脚が太くなるのでは？　と心配する人がいますが、足指につながる筋肉が発達しても筋繊維の密度が高くなるだけで、見た目に太くなる心配はありません。

逆に、足に合わない靴を履いていると、本来使うべきインナーマッスルがうまく使えず、変な筋肉がつくうえに、むくんで脚が太くなってしまうのです。

足にぴったり合ったハイヒールを履いて歩くと、全身の血流を左右するふくらはぎの筋肉がきちんと稼働し、むくみ知らずのすっきり締まった脚が実現します。

ただし、これは足指をしっかり動かせることが大原則。つま先に余裕があり、歩くときに足指の関節がきちんと動かせるなら、４～５㎝のヒールでもバランスよく安定して歩くことができるでしょう。

靴選びの常識、いかがでした？
初めて知ることばかりでびっくりです

習うより慣れろですよ
さぁ、
靴を選びに
行きましょう！
Let's
Go!

靴売り場
これを試してみます！
では、つま先立ちしてみましょう！

かかとが抜けるので大きすぎますね
NO!

こっちの靴は……
!!
やった！
かかとが抜けない
かかとはOK！
次は、履き口に指を
入れてみましょう
NO!
指が入ってしまうので
この靴も大きいです
じゃあ、
これを履いてみて
ください

靴と甲の間に指が入らない！
かかとも抜けない！

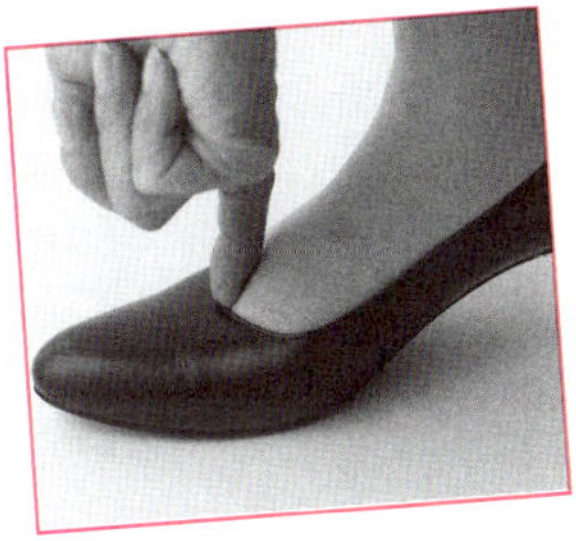

でもなんだかきゅうくつな感じがするんですけど……
大丈夫です。ちょっと歩いてみてください

ビックリ!
すごいです!きゅうくつかな?と思ったのに、歩くと痛くありません!
かかとから甲のあたりまではぴったりしていて、つま先には余裕があります
でしょう?

よし
10000
普通に立っているだけなのに、
背すじが伸びて
姿勢がよくなった気がします！
これならいくらでも歩けそう！

でも……
どうしました？

足に合う靴がどういう靴かはわかったんですけど……、いま家にある靴は、どうすればいいの？って思っちゃって……
家にある、幅が広かったり、かかとが抜ける靴を全部買い替えるなんて、絶対ムリー！

大丈夫！ちょっと合わない靴は、調整できます！
エヘン
あ、また魔術師！
インソールを駆使して、ちょっと合わない靴をシンデレラの靴に変身させましょう！
そもそも私は〝靴は売らない靴屋〟。オーダーメイドで靴の中敷き調整をする靴屋です
痛くて履けない靴を、足にぴったりの靴に変身させます
!?
〝靴を売らない靴屋〟なんてあるんですか？
オープンから8年、約5000人のお客様の足と靴を見てきましたが足にぴったり合う靴はなかなか見つかりません。奇跡の一足にはかなわなくても、それに近い履き心地にすることはできます
教えてください！

では、手持ちの靴をチェックしてみましょう
まず、壊れている靴は調整できません
NO!
大きすぎる靴も調整は難しいです
NO!
指3本
これは大丈夫ですか？
やってみましょう

WOW!
かかとが抜けません！
足にぴったりです
でしょう。ぴったり感は、さっき買った靴には及ばないけど、これまでより歩きやすいはずです
うれしい！捨てなくてすむ！
ハッ
でも……、調整はプロの手を借りないと難しそう……
大丈夫！自分でできる裏技をお教えしますよ

コラム

ハイヒールやスニーカーの正しい履き方

室内でも靴を履いたまま過ごす欧米人と比べ、家の中では靴を脱いで過ごす日本人は、靴を脱いだり履いたりする回数が多くなります。

そのせいか、靴をぞんざいに履いている人が多いことが気になります。

あなたは、靴を履くときに靴べらを使っていますか？　あなたの家の玄関には腰掛けて靴を履くためにスツールなどを置いていますか？

靴べらを使わずに履ける靴はゆるゆるの靴です。またスニーカーも、ひもを結んだまま履いていたら足に合っていません。ラクに履ける靴は足に合っていない靴なのです。

足にぴったり合った、少しきゅうくつに感じる靴は、靴べらを使わないと履けません。そのため、欧米では靴を履くための腰掛け用スツールがあります。座って、靴べらを使ってきちんと靴を履く習慣がついているのです。

スニーカーも同じです。履くたびに、腰掛けてひもをしっかりと締めるのが理想です。ひもを締めるときには、足の甲の中央部分をきつめに結ぶと、足の状態が安定します。つま先のほうはゆるくてもかまいません。

靴を履くときには、正しい履き方を意識してみてください。

第2章

痛い靴がラクに歩ける靴になる！
インソールテクニック

インソールを使いこなすために、その目的と機能を学びましょう
まず、インソールと聞いてどういうものを思い浮かべますか？
INSOLE
えっと……、靴の底に敷く足の形になったもの
INSOLE

PROFITIN
HALF SOLE
Puffyjell
foot solution
FIT
やっぱりそうですよね？実はそれ以外にもいろいろ種類があるんですよ。たとえば……
へぇ、こんなにいろいろあるんですね！

私は靴の調整に市販のインソールも使っています
高価なオーダーインソールをつくらなくても、市販のものを的確に使えば十分に役立ちます

複数の種類を同時に使うこともありますよ
インソールって、同時に何枚も使っていいんですか？
靴は微妙な差で履き心地がまったく変わります。こまかな調整をするには、複数のインソール使いが効果的なのです

これから私が考案した究極のインソール使いを紹介しましょう
その前に、まずは足の構造を知っておいたほうがいいですね
はい！

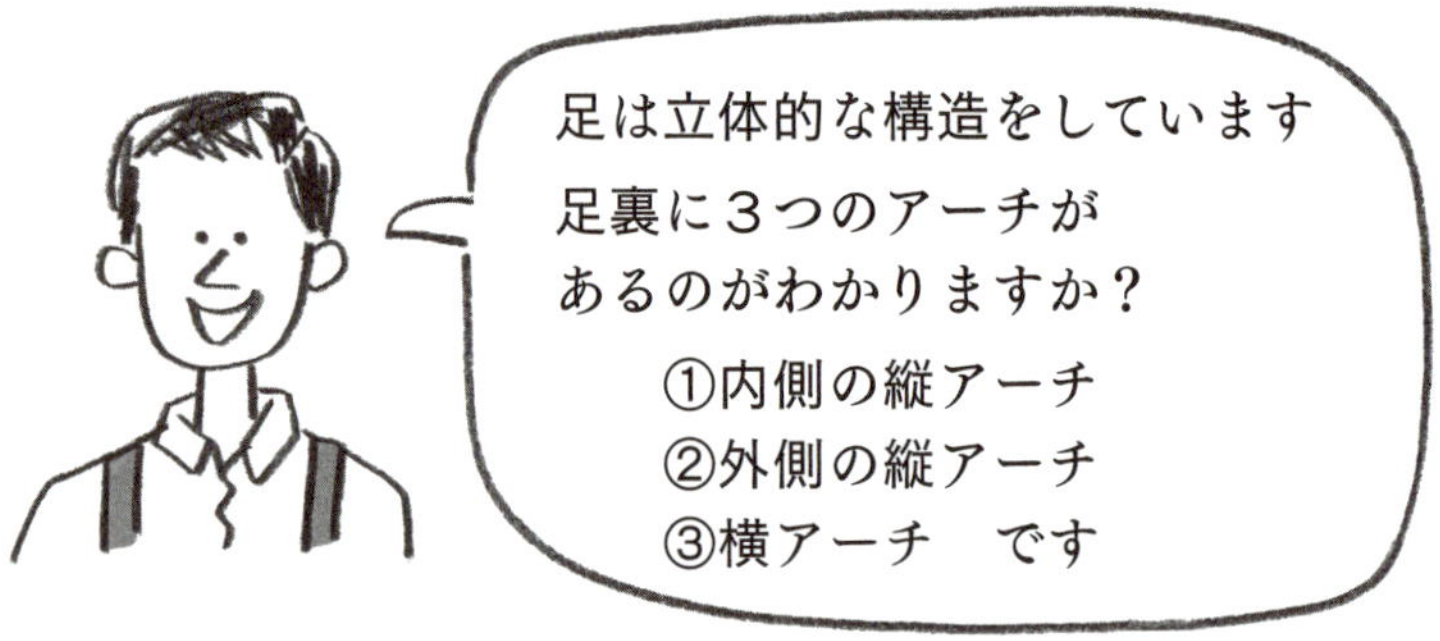
足は立体的な構造をしています
足裏に３つのアーチがあるのがわかりますか？
①内側の縦アーチ
②外側の縦アーチ
③横アーチ　です

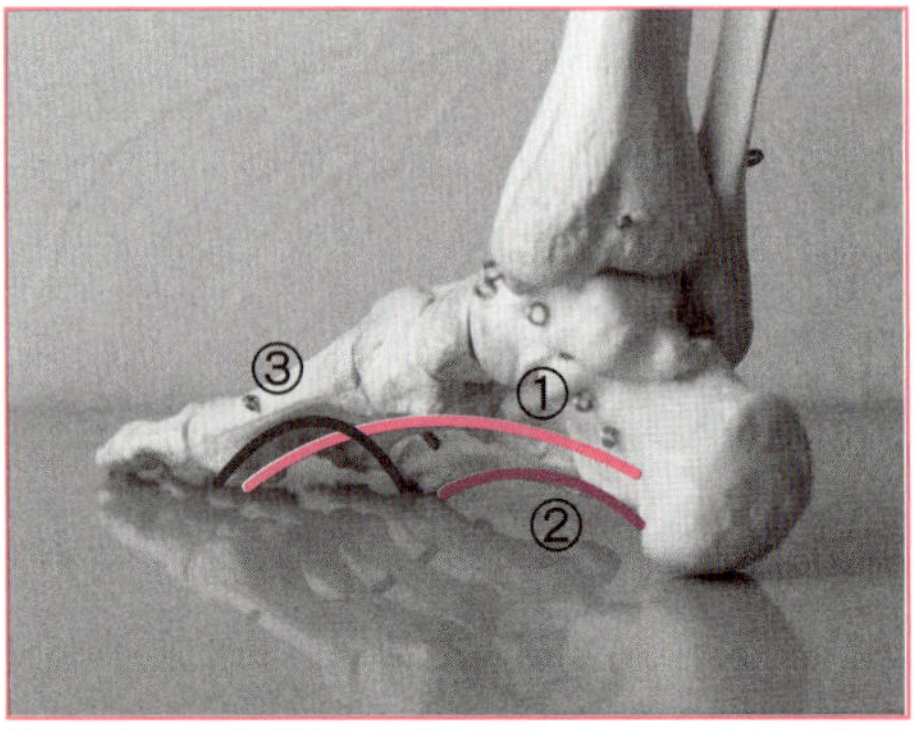
③
①
②

もうひとつ注目してほしいのがココ！　45ページに出てきた足指の曲がる位置「ボールジョイント」です。親指の付け根と小指の付け根の骨を結んだ、かかとを上げたときに曲がるラインです。ボールジョイントと靴の曲がる位置がズレていると、足が痛いだけでなく、歩いているうちに靴が壊れてしまいます

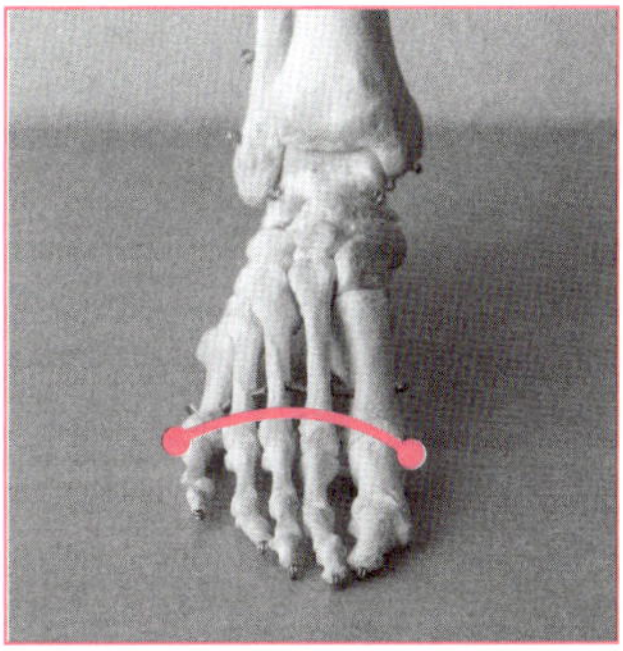

靴を選ぶときに大事なポイントなので覚えておいてくださいね！

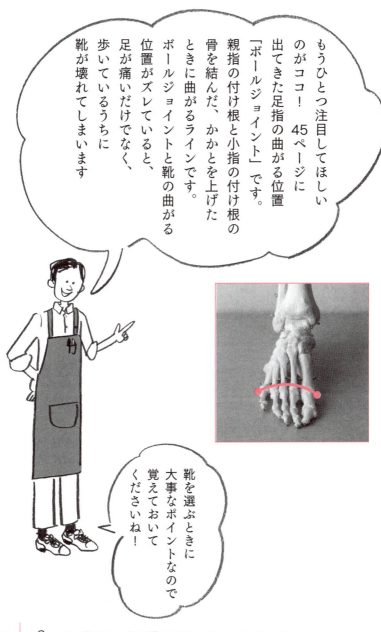

ところで、靴ずれはなぜ起きると思いますか？
えっ？ 足と靴が合っていないから起きるんですよね？

では、手の甲に反対の手のひらをぴったりつけて動かしてみてください
ぴったりついていたら、一緒に動いてすれませんね？
はい

次に、ちょっと力を抜いて
隙間をつくり、同じように
動かしてみてください

皮膚がこすれますね？
同じことが、サイズが
合わない靴の中で
起こります。つまり
靴と皮膚がすれて
靴ずれの痛みが出たり
タコができたり
するのです

靴ずれは、ほんの少しだけ
合っていないサイン
つまり、惜しい靴なのです！
インソールで簡単に
調整できます

逆に、靴ずれもできないほど
大きすぎる靴は、さまざまな
足のトラブルを招きます

自分の足より大きな靴を
履いていると、靴の中で
〝前すべり〟が起こります
前すべり？
女性の靴のトラブルの
ほとんどは、この前すべりが
原因なのです！

前すべりとは、
大きさが合っていなかったり、
歩くときに曲がる位置が
合っていなくて、
靴の中で足が前にすべって
指先がつまった状態です
履いていて指先がきゅうくつな
靴は前すべりしています
前すべりする靴を
履き続けると、
アーチが崩れて、
足のトラブルを招きます

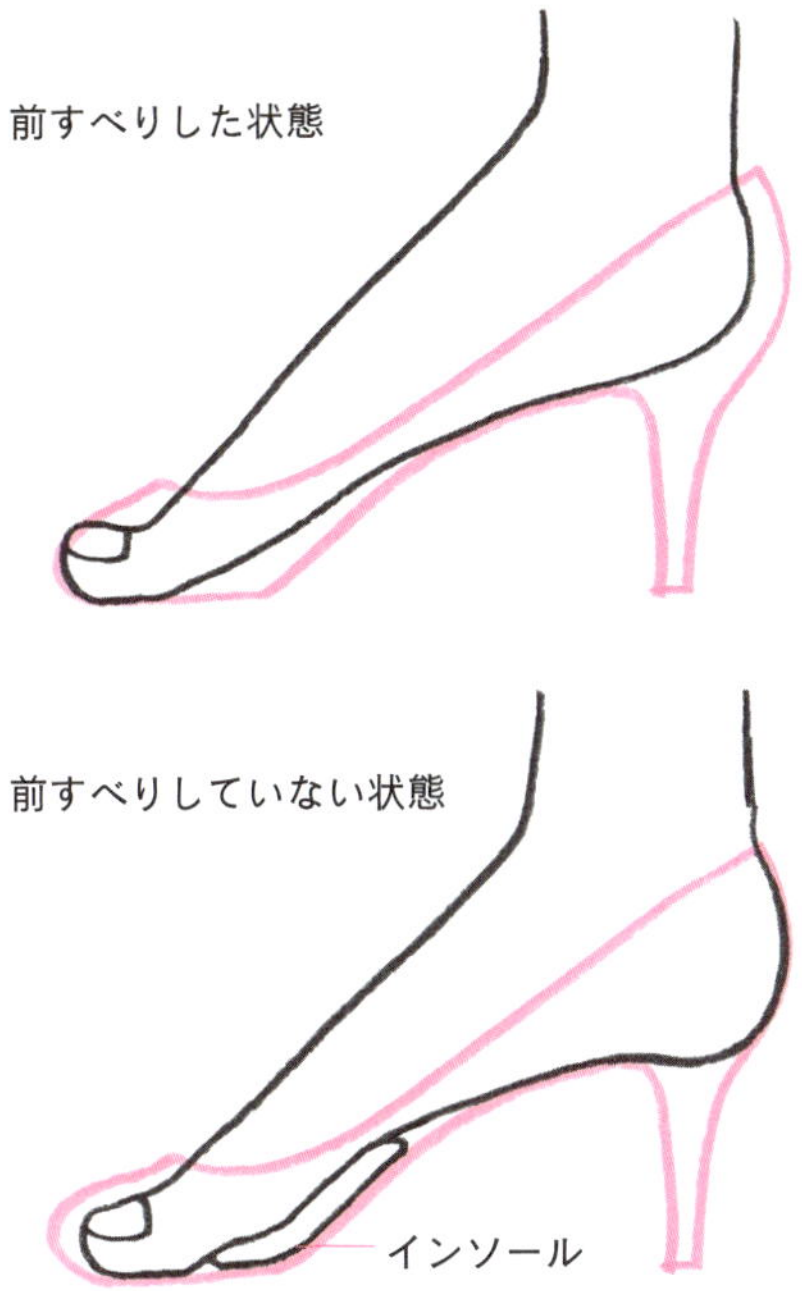

逆に、前すべりしないようにすれば、ほとんどの靴のトラブルは解消できます！

そのためには、幅の狭いぴったりした靴を履くか、すべりを止めること。すべり止めにはインソールが大活躍します！

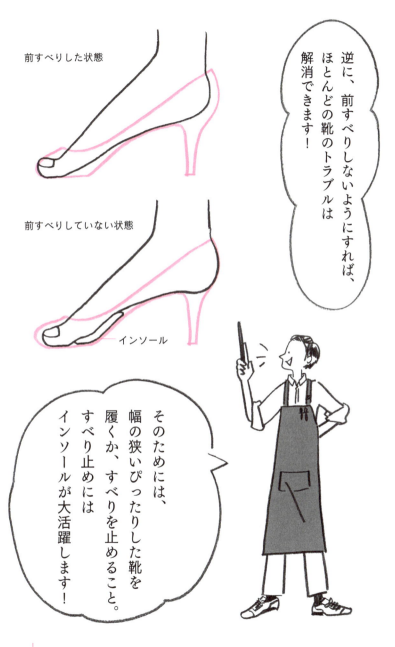

インソールは目的別に
使い分けますが、
基本的には
この3つがあれば
大丈夫です

①

《前すべり防止用インソール》

靴の前方に入れるジェルタイプ。サイズ調整に役立つ

※このインソールは、ボールジョイントと靴の曲がる位置が合わないときにできる隙間を埋めて、履き心地をアップさせるときにも使用

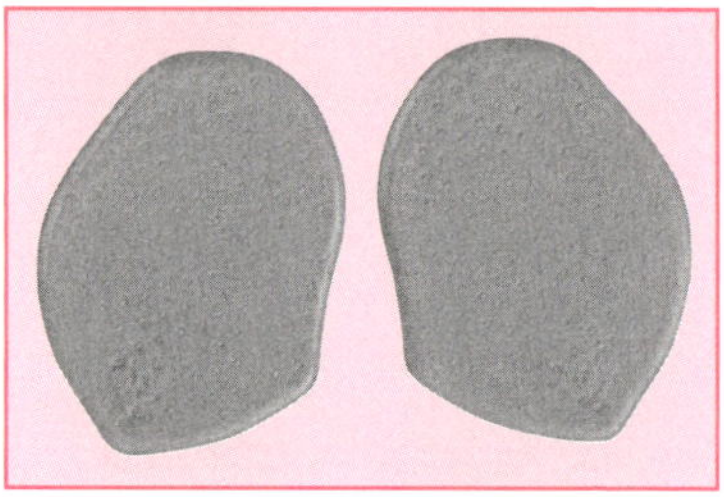

②

《縦アーチを支えるインソール》

土踏まずの下に入れて、内側の縦アーチを支える

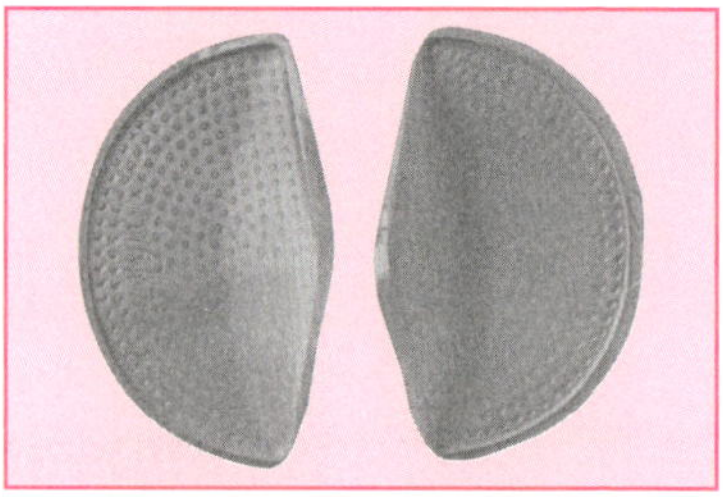

③

《横アーチを支えるインソール》

足指の根元の真ん中あたりに入れる

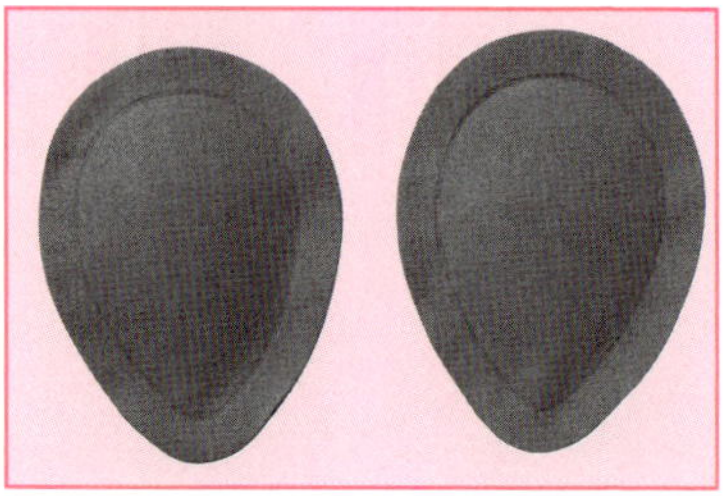

インソールは、目的に合わせて使うことが大事なんです！

初めて知りました私もインソールを買います！

ところでインソールってどこで買えるんですか？それに、自分でちゃんと入れられるか心配……

大丈夫です！

インソールは100円ショップやドラッグストアで販売しています。インターネット通販でも購入できますよ
インソールの使い方は、コツさえわかれば誰でも簡単！

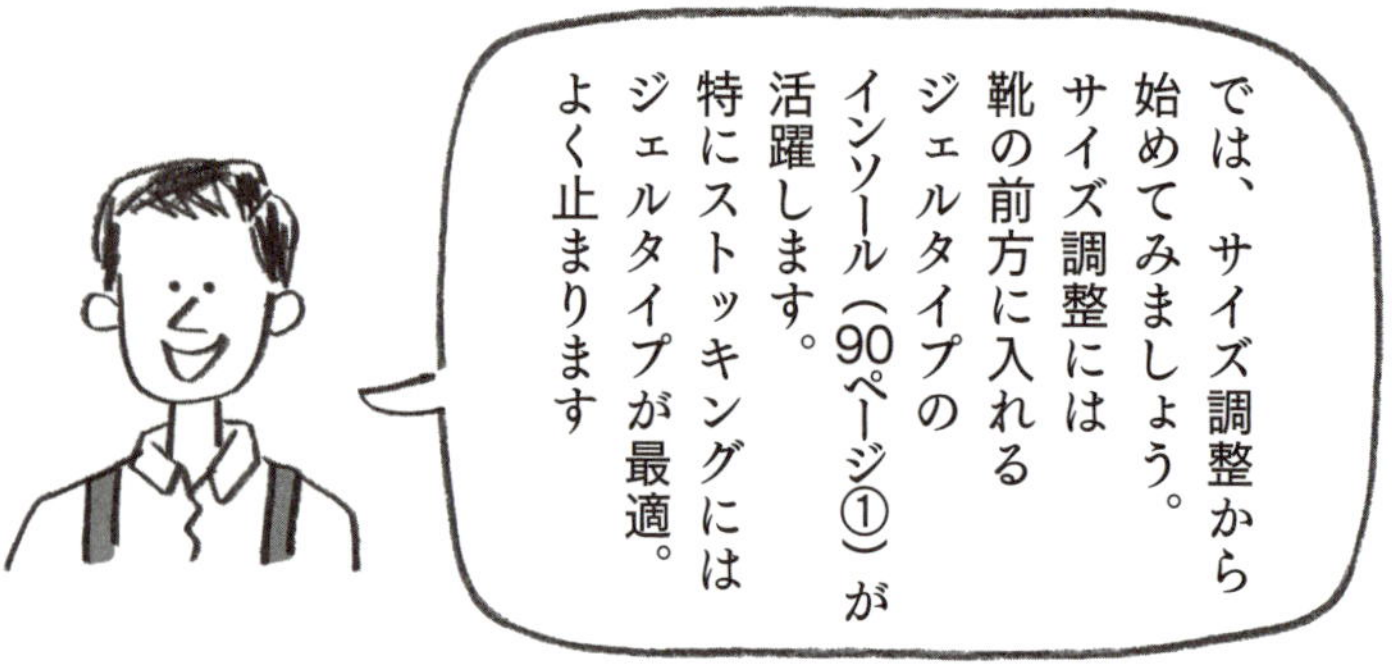
では、サイズ調整から
始めてみましょう。
サイズ調整には
靴の前方に入れる
ジェルタイプの
インソール（90ページ①）が
活躍します。
特にストッキングには
ジェルタイプが最適。
よく止まります

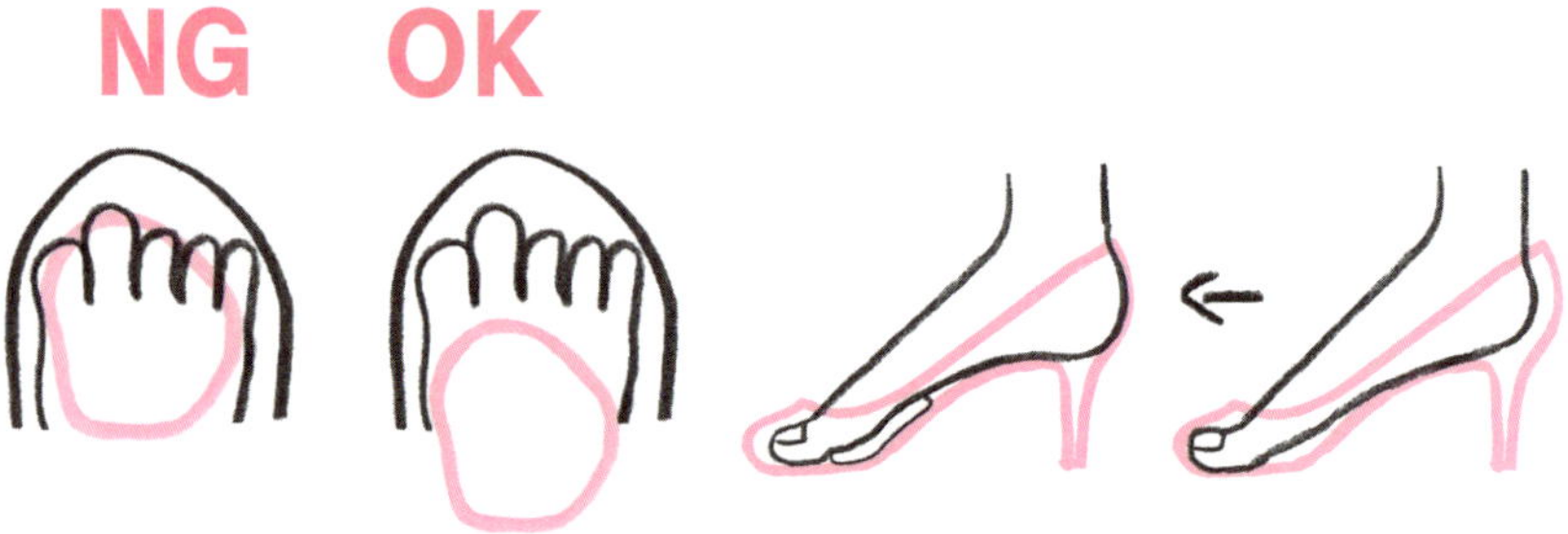
NG
OK

大切なのは足指の下に
入れないことです。
指先に入れても
すべりは止められません
インソールが、足指の付け根
より先に行かないように

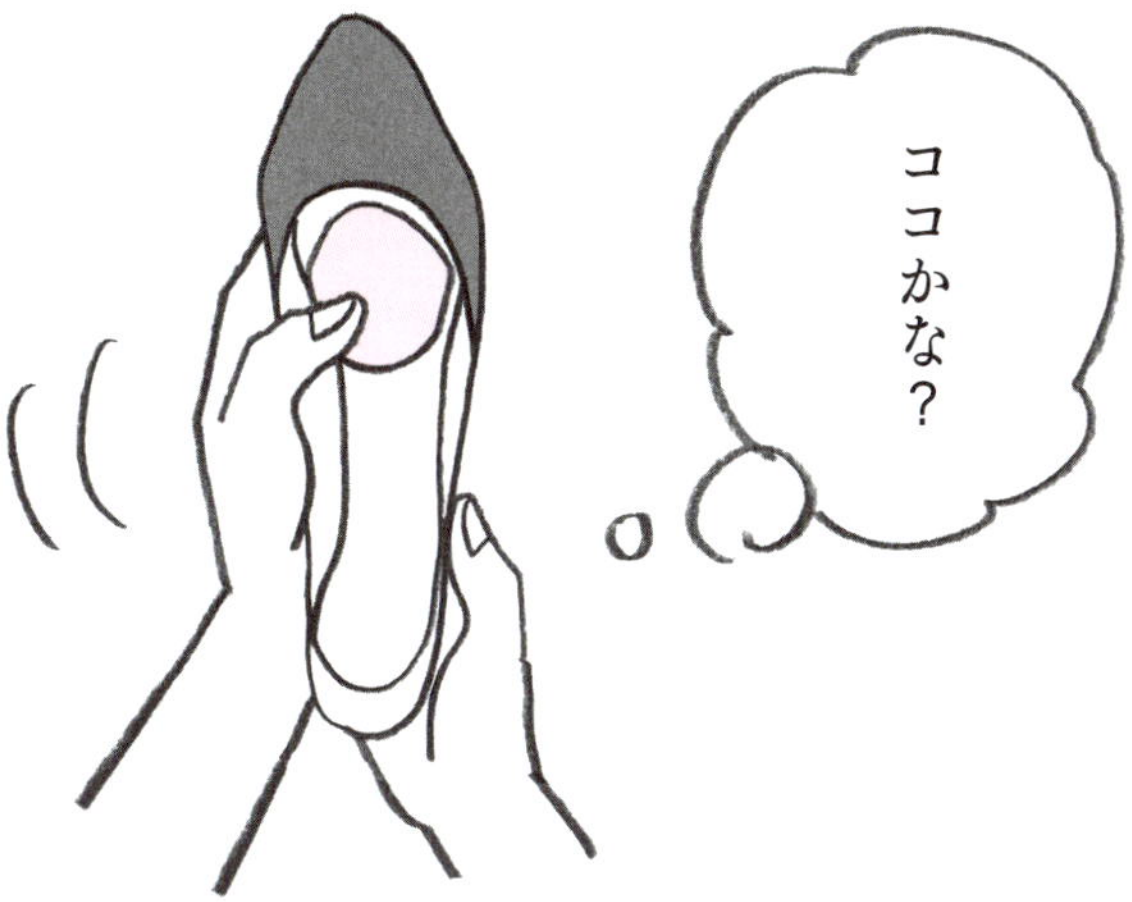
ココかな?

すごい!
かかとが抜けなくなりました
FIT

次は足裏のアーチを支えます。内側の縦アーチ（土踏まず）の下にインソール（90ページ②）を入れると歩くのがとてもラクになりますよ

まず、内くるぶしの少し先にあるグリグリした骨を探してください
ありました！

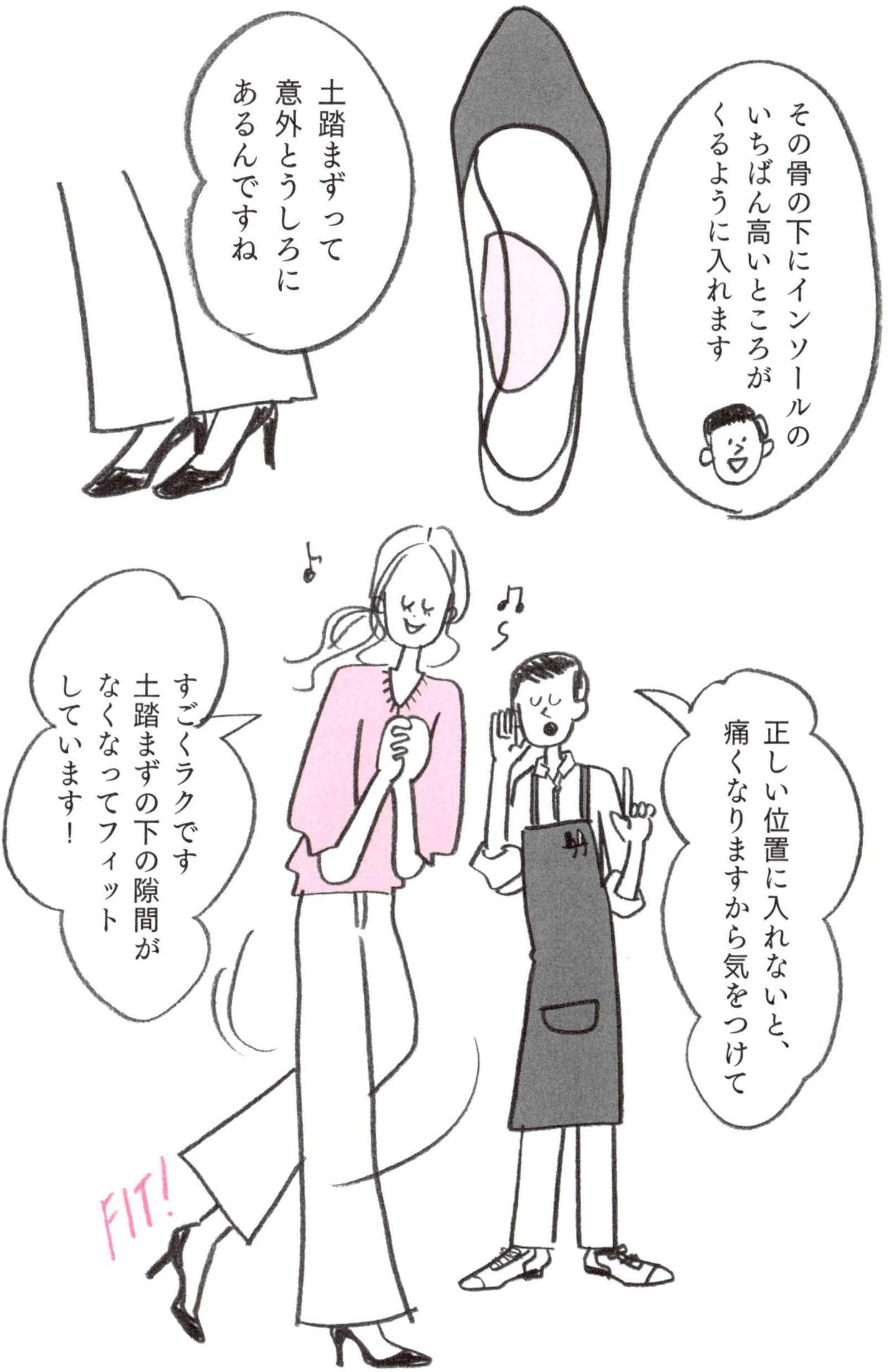
その骨の下にインソールのいちばん高いところがくるように入れます
土踏まずって意外とうしろにあるんですね
正しい位置に入れないと、痛くなりますから気をつけて
すごくラクです土踏まずの下の隙間がなくなってフィットしています！
FIT!

親指の付け根や足の裏が痛い
という人はさらに
横アーチの下にも
インソール（90ページ③）
を入れます

あれ？　気のせいかな？
靴がゆるくなったように
感じます
そうなんです！
横アーチを
持ち上げると
足幅が狭くなるので
靴がゆるく感じます
インソール

ゆるいときは前すべり防止用のジェルインソールを約２㎜つま先のほうへずらしてみてください
NICE!
わっ、ぴったりになりました！
よかった！それでもゆるいときは０・５～１㎜厚いインソールに変えてみてください
ボールジョイントと靴の曲がる位置が合わずに隙間ができるときは、そこにジェルタイプのインソール（90ページ①）を入れるといいですよ。履き心地が格段にアップします
わぁ靴が足に吸いつくみたい！
WOW!

市販のインソールを上手に活用しよう

インソールで手持ちの靴がシンデレラの靴に！

これまでに私が中敷き調整をしたお客様のなかで多いのは、「足に合わない靴を処分した結果、1、2足しか残らなかった」、もしくは「靴はたくさんあるのに、足に合っている靴がほとんどない」のどちらかです。

それくらい、足に合う靴に出会うのは難しいということです。お客様のなかには、30足以上持参されたにもかかわらず、大きすぎる靴ばかりで中敷き調整ができず全滅になった申し訳ないケースもありました。

足にぴったり合う靴が見つからない、というお客様は決して少なくありません。理想の靴が手に入るまでに時間がかかったり、なかなか見つからなかったりする方もたくさんいらっしゃいます。セミナーなどでは、「それまでの間、どうすればいいんですか？」という質問をよく受けます。

すべての靴を買い替えるのは不経済ですし、足にぴったり合う靴がすぐに見つからないこともあるでしょう。そんなときに役立つのが「インソール」です。インソールで手持ちの靴を調整すれば、シンデレラの靴には及ばなくても、「ラクに歩ける」靴になります。

インソールについては、私の初めての著書『その靴、痛くないですか？』（飛鳥新社）でも紹介したのですが、書ききれなかったことがたくさんあります。基本的なことしか紹介できず、「これを読んだだけで、ちゃんと調整できるのだろうか」という心配もありました。

それなのに、ａｍａｚｏｎの書評には「インソールのページを読んでうまくいきました」「既製の靴をカスタマイズして快適に歩けています」という感想がアップされていて、うれしく思ったのと同時に、インソールの使い方をもっと詳しく説明したいという気持ちがわき起こりました。

足のサイズや足囲は一定ではありません。その日の体調や気温・湿度、女性ホルモンのバランスなどによって常に変わるのです。

足にぴったりの靴に出会えたとしてもそれで終わりではなく、日々変化する足に合わせて、インソールで微調整する必要があるのです。

ところが、このことはあまり知られていません。インソールについてもっと詳しく知って、多くの女性にいまよりもっとラクに歩いてほしい、そう思ったことがこの本を書くきっかけになりました。

アイドルグループもインソールを活用

私は、靴は売らず、「中敷き調整」を専門とする靴屋です。これを言うとみなさん驚かれます。中敷き調整には市販のインソールも使います。正しく使えば、市販のインソールでも、オーダーインソール並みの高い効果を出すことができるのです。

そういえば、ハイヒールを履いて踊りながら歌う、某アイドルグループも、ハイヒールを市販のインソールで調整しているそうです。私もよく使うインソールを愛用していると知って驚きましたが、同時にあの高いパフォーマンスには「中敷き調整」が必須だろうと、深く納得したことを覚えています。

ところで、セミナーなどで、お客様に「インソールと聞いてどんなものを思い浮かべますか？」と質問すると、必ずといっていいくらい挙がるのが靴底全体に敷くタイプのインソールです。もちろん、これも靴のサイズ調整に役立つことはあるのですが、私は靴底全体に敷くタイプ、特に足のサイズに合わせてカットするものは使いません。凸凹が足裏に合いにくく、微妙な調整が不可能だからです。

私がよく使うのは、サイズや周径の調整に役立つジェルタイプのインソールや、足裏のアーチを持ち上げるインソール（90ページ参照）です。これらを単独、あるいは複数使うことで、履き心地のいい靴へと変身させることができるのです。

これまでインソールが注目されなかったワケ

上手に使えば、手持ちの靴がシンデレラの靴に生まれ変わる可能性を秘めたインソール。なのに、その利用法はあまり知られていません。

市販のインソールがこれまで活用されてこなかったのは、次の2点のせいだと私は考えています。

①説明書の内容が不十分で、うまく使えない
②説明書の内容が正しくない場合がある

インソールにはそれぞれ目的があります。そして、入れる位置によって効果が変わってきます。そこをきちんと理解して、ここぞという位置に入れないと、効果を上げることはできません。

残念ながら、市販のインソールの説明書にはそこまで詳しく書かれていません。それどころか、効果がいまひとつしか出ないポイントの説明しかないものがほとんどなのです。

インソールの目的のひとつは、崩れた足裏のアーチを支えて、人工的に整えることです。インソールで足裏のアーチを支えれば、靴が足にぴったりフィットするの

はもちろん、足指がきちんと使えるようになって、足裏やふくらはぎの筋肉との連携がスムーズになります。

足裏のアーチを持ち上げるインソールは、骨を目印にして入れますが、ここぞというピンポイントな位置に入れないと確実な効果は期待できません。骨に近すぎると痛みが出てしまいますので、市販のインソールの説明書では、クレームが来ないように、骨からずれた、痛みの出ない位置を指示しているのです。確かに、そのポイントだと痛みの出るリスクは減りますが、同時にアーチを持ち上げる効果も下がってしまいます。非常に言いにくいことではありますが、説明書通りにインソールを使うと、痛みの出るリスクが少ないかわりに、効果もいまひとつなのです。

インソールは目的に応じてピンポイントに使う

自分の靴に起きている問題を、まず整理してみましょう。困っていることを整理すれば、あなたの足のトラブルの原因が見えてきて、どこにどのインソールを入れればいいのかがわかります。

靴のトラブルの原因は大きく次の3点です。

- 長さ（サイズ）が合っていない
- 足囲と靴の周径が合っていない
- ボールジョイントと靴の曲がる位置が合っていない

こういった靴は、ほとんどの場合「前すべり」します。靴のトラブルはいろいろありますが、そのほとんどは長さ（サイズ）や足囲と靴の周径、ボールジョイントと靴の曲がる位置が合わないことによる「前すべり」が原因です。靴を履いたときに次のようなことが起きていたら、「前すべり」していると考えられます。

- かかとが抜ける
- 小指が痛い、小指や薬指が隣の指に食い込む
- 足指の先が痛い（爪が皮膚に食い込んでいる）

●足指の関節にタコができる

前すべりする靴の前方にジェルタイプのインソールを入れると、驚くほど「ラクに歩ける靴」になりますので、ぜひ使い方をマスターしてください。前すべり予防のインソールを入れると、長さ（サイズ）や靴の周径の調整ができるほか、ボールジョイントと靴の曲がる位置の調整もできるのです。

さらに、足裏のアーチが崩れてしまっている場合は、それを持ち上げる必要があります。次のようなことで悩んでいる人は足裏のアーチが崩れている可能性が高いので、足裏のアーチを支えるインソールを入れると、さらに歩行がラクになります。

●歩くと疲れる
●開張足（36ページ参照）である
●外反母趾または内反小趾である

足裏のアーチを持ち上げるインソールを必要に応じて使うことで、靴が足にぴったりと吸いつくような履き心地になります。インソールでアーチを支えると、歩くのがラクになるので、足裏のアーチが崩れていない人にもおすすめです。

この「前すべり」対策と「足裏のアーチ」対策の2点こそがインソール調整のカギです。これらの解決のために、複数のインソールを同時に使うこともあります。

前すべり防止インソールの使い方

「前すべり」こそ靴のトラブルの要因

前すべりとは、サイズが大きすぎたり、ボールジョイントと靴の曲がる位置が合わず、「靴の中で足が前にすべって、指先がつまった状態」のことです。

靴の中で指先がつまっているのですから、歩行時に足指や足裏の筋肉がうまく使えません。そのため歩いていて疲れますし、足が痛くなったり、タコができたり、さまざまな足のトラブルを招きます。

さらに、前すべりする靴を履き続けていると、足裏のアーチが崩れます。

足裏には外側の縦アーチと内側の縦アーチ、横アーチという3つのアーチがあり、それぞれがクッションの役割をしていて、歩行時の衝撃を吸収しています。

足裏のアーチが崩れた状態を開張足といいますが、開張足になると衝撃をうまく吸収できないので、足裏にかかる負担が大きくなり、歩くと疲れてしまいます。また、外反母趾や内反小趾などを招きやすくなります。

履き心地をよくするのはもちろんですが、こうした足のトラブルを予防するためにも、前すべり防止のインソールをもっと多くの人が知って活用してほしい、そう願っています。

ジェルタイプのインソールを靴前方に入れる

前すべり対策に効くのは靴の前方に入れる、ジェルタイプのインソールです。ジェルタイプとは、素材が樹脂の透明タイプのインソールです。これはストッキングとの摩擦が大きいので、ストッキングのときこれを靴の前方に入れると特に前すべりしにくくなります。

市販のインソールには、厚みのバリエーションがあります。次ページで紹介しているインソールは1㎜と2㎜です。メーカーによっては0・5㎜刻みのものや厚さ

《前すべり対策のインソール》

まず手に入れたい、靴の前方に入れるジェルタイプのインソール。靴売り場やドラッグストア、インターネット通販で入手可能。

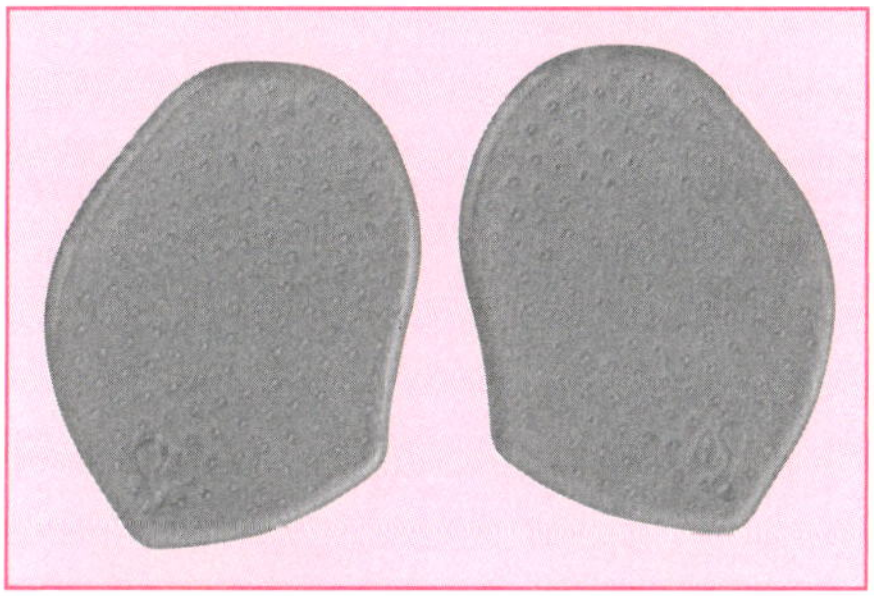

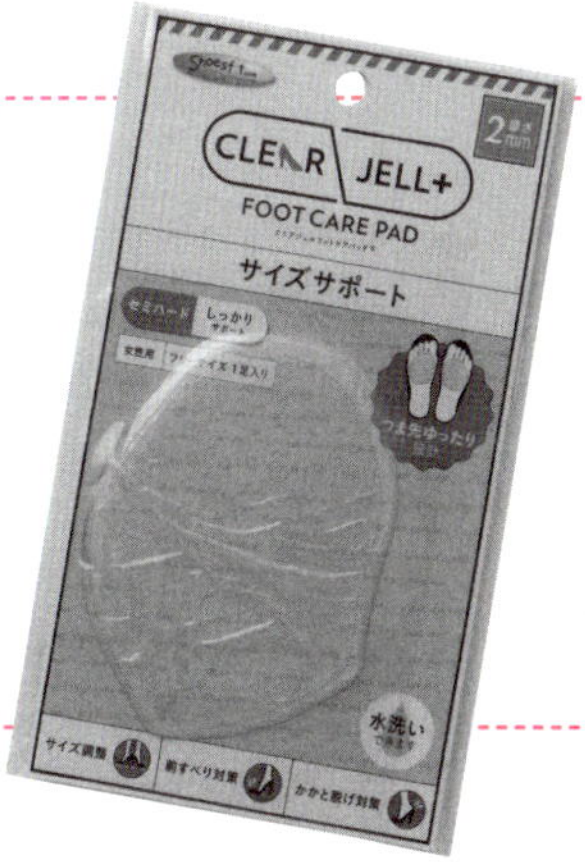

クリアジェルフットケアパッド®
サイズサポート　無色透明１足入り　厚さ1㎜/2㎜　各700円＋税
／村井
http://www.shoesfit.com

【使用するインソール（厚さ）の目安】

靴の履き口と足の甲の間に指を入れて……

- 指の先が入る程度なら１㎜厚さ
- 指が１本入る場合は２㎜厚さ
- 指が２本入る場合は３㎜厚さ

３㎜以上のものも。靴との差が大きいほど厚いものを入れるようにします。

足指の下には入れない！　これがポイント

ジェルタイプのインソールの説明書には、靴のつま先いっぱいまで入れるよう指示しているものもありますが、足指の下に入れるのは間違いです。説明書通りに入れないようにしてください。

靴の前方に入れるインソールは、「指の付け根の下に入れる」「つま先の下には入れない」ということを覚えておきましょう。

正しく歩くためには、指先には適度な余裕があり、指が地面をつかむ動きができないといけません。つま先いっぱいまでインソールを入れると、この動きを邪魔してしまいます。

何より、つま先に入れても前すべりのストッパーにはなりません。すべりを止めるには、足指の付け根の下に入れる必要があるのです。すべり台をイメージしてみてください。斜面の最後の部分にすべり止めをしても意味がありません。斜面の途

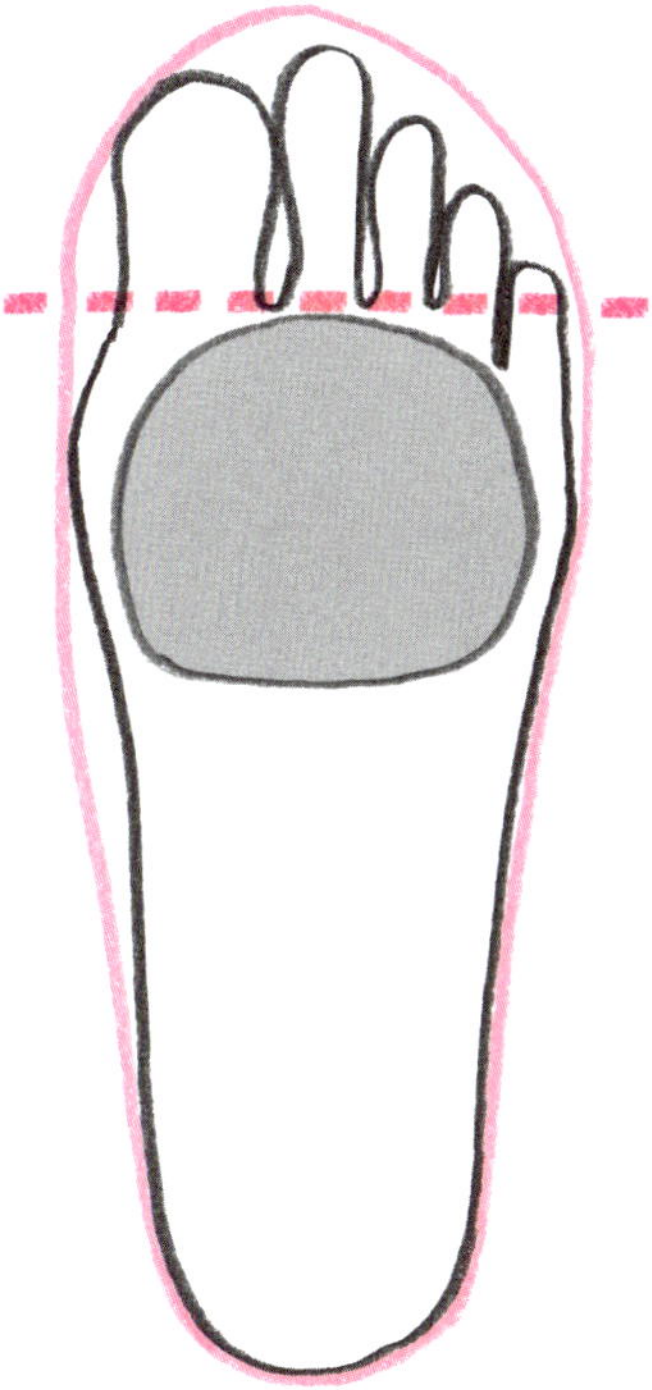

ポイント！

インソールは足指の
付け根の下に入れる

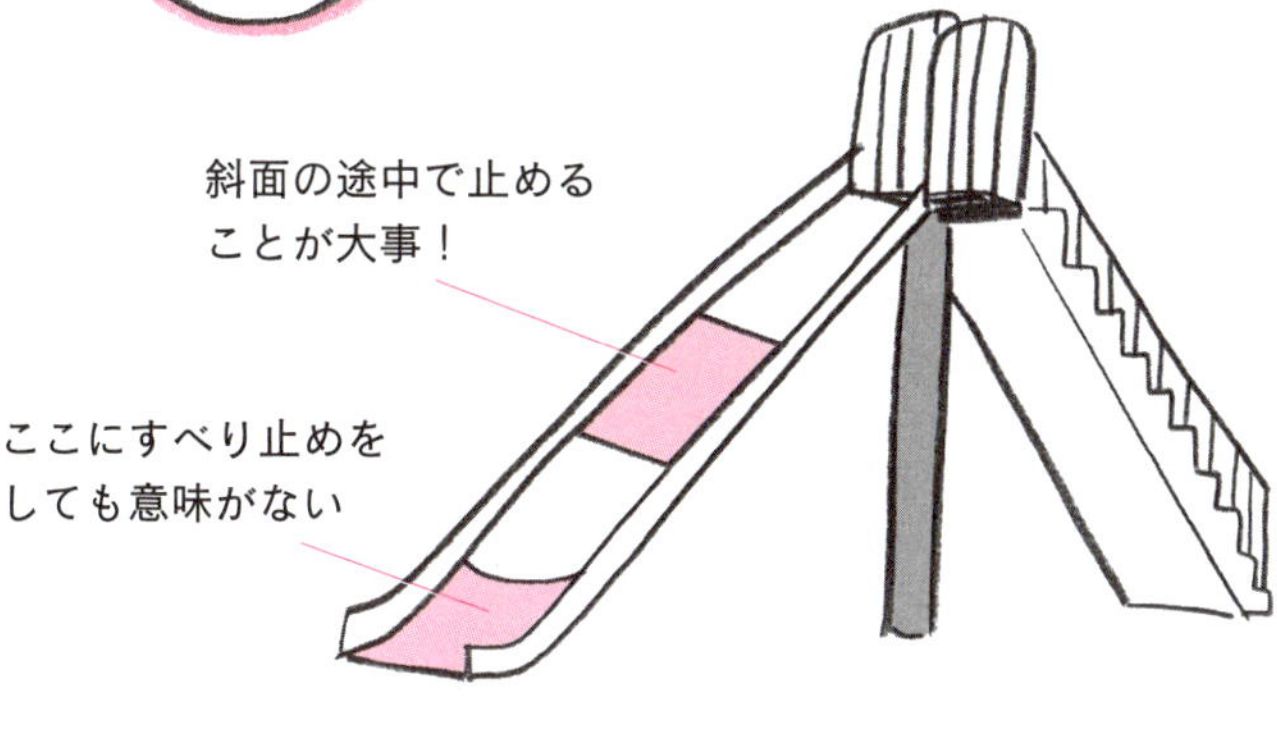
斜面の途中で止める
ことが大事！
ここにすべり止めを
しても意味がない

中で止めるからストッパーになるのです。靴の場合も、つま先ではなく、指の付け根の下に入れることですべり止めの効果を発揮します。

そこにストッキングとの摩擦が大きいジェルタイプのインソールを入れることで、前すべりを防ぐストッパーとなってくれます。

靴のどこが指の付け根位置になるのかわからない場合は、自分の足型をえんぴつやペンなどでなぞってかたどり、中指の付け根の位置に横のラインを引きます（前ページ参照）。左右に1〜2㎝出るようにすると靴をのせても目印になります。

この型の上に靴を置くと、指の付け根がどの位置にあるかがわかりやすく、インソールを入れるときの目印になります。

ゆるいとき、きついときの裏技

靴の前方に入れるインソールは、位置を前後にずらすとフィット感が変わります。まずは基本の位置（前ページ参照）に入れてみてください。履いてみてゆるい場合は、つま先側に2㎜ずらします。逆にきつく感じたときにはかかと側に2㎜ずらし

①つま先側にずらす場合
かかと側の下端を爪でマーキングして、インソールをはがして2㎜つま先側へずらす

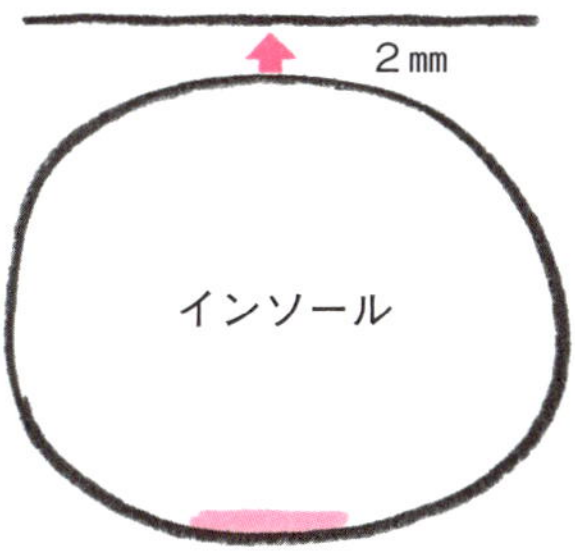

②かかと側にずらす場合
つま先側の先端を爪でマーキングして、インソールをはがして2㎜かかと側へずらす

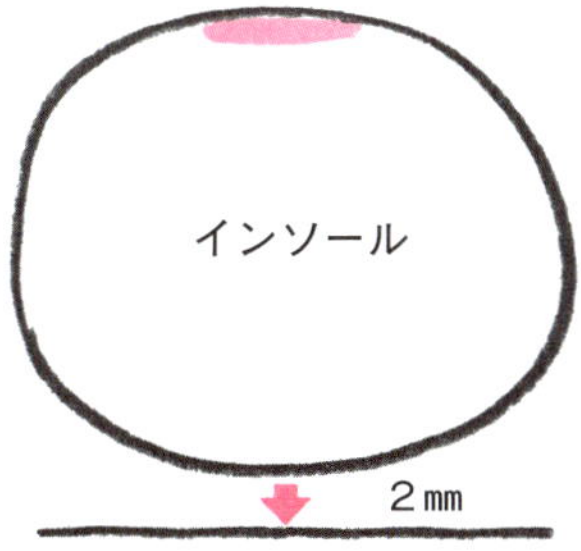

ちょうどいいフィット感になるまで、位置を前後にずらして調整する。つま先立ちしたり、靴の履き口と足の甲の間に指を入れてフィット感をチェック（54 ～ 59ページ参照）

ましょう。たった2㎜ですが、履いたときの感覚がかなり違います。

2㎜ずらしてみても、ゆるく（きつく）感じたときにはインソールの厚みを変えましょう。ゆるく感じるときには厚さを1㎜厚くして、きつく感じるときには1㎜薄くします。厚みを変えたインソールを入れるのは基本の位置です。

調整可能かどうかの判断基準

靴が大きすぎる場合は、インソールでの調整が難しいこともあります。

長さに関しては、1・5㎝以上違う場合は、プロとして調整をお断りしています。1㎝違う場合も難しいのですが、短時間の使用など条件つきで調整させていただいています。0・5㎝であればインソールでの調整でほぼ問題ありません。

足囲と靴の周径の違いに関しては、自分でもわかりにくいものですが、簡単な目安があるのでご紹介しましょう。

靴を購入するときのチェックポイントでもあるのですが、靴を履いて、履き口と足の甲との間に指を入れてみてください。指が1～2本入るくらいであればインソールで調整可能です。

指が1本入る場合、まずは2㎜厚さのインソールを入れてみてください。指が2本入る場合は、3㎜厚さのインソールを入れるのが目安です。指の先がひっかかる程度なら1㎜厚さのインソールでいいでしょう。

指が3本入る場合は調整困難です。どうしてもその靴が気に入っていて履きたいということであれば、5㎜などの分厚いインソールや、靴底全体に敷くタイプのインソール（129ページ参照）を入れればなんとかなります。ただし、長時間は履けないので、結婚式やパーティーなど、ここぞというときだけに使う、短時間限定の裏技であることを覚えておいてください。

インソールが厚くなればなるほど、靴の両サイドの空間が狭くなって、指の居場所がなくなり、指にタコができやすくなります。ですので、分厚いインソールは長時間履く靴にはおすすめできない例外的な技なのです。

足裏のアーチを支えるインソールの使い方

体重を支え、バランスをとる足裏のアーチ

体重を支えているのは足裏のアーチです。大きすぎる靴を履いて、足の親指で地面を蹴れない状態が続くと、足指と連携している足裏の筋肉が弱り、体重を支えるクッションである足裏のアーチが崩れてしまいます。

足裏には縦と横のアーチがあります。縦アーチには外側と内側があり、内側の縦アーチ（Ⓐ）は体重を支える役割があり、これが崩れると土踏まずが低くなって扁平足になり、歩くと疲れてしまいます。外側の縦アーチ（Ⓒ）も重要で、このアーチがしっかりしていると、足に安定感が出て歩くのがラクになります。

横アーチ（Ⓑ）は足が地面についたときの衝撃をやわらげる役割があります。こ

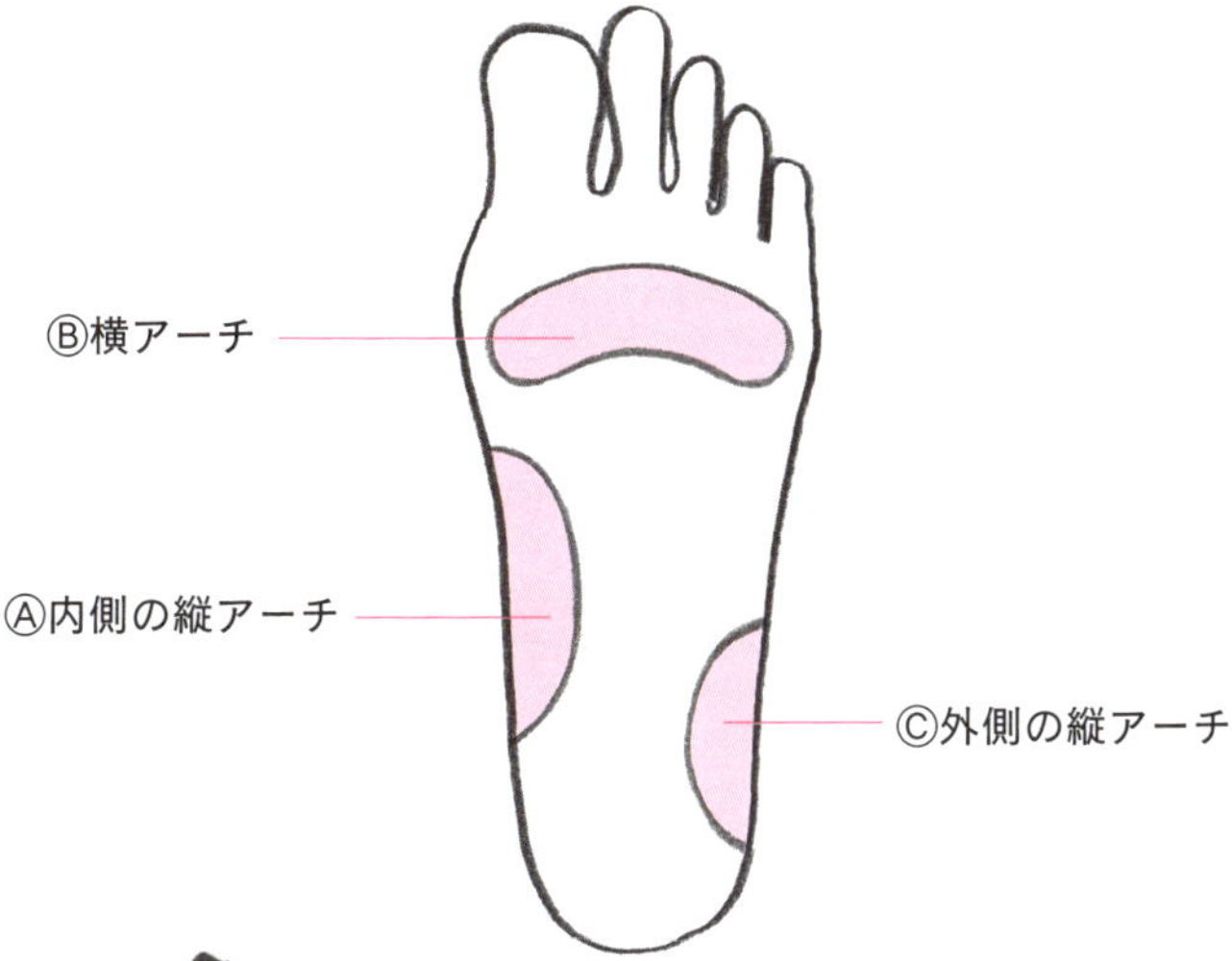

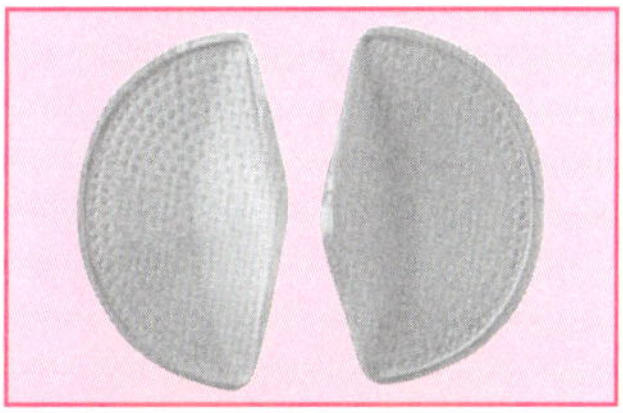

縦アーチ（内側）を支えるインソール
パフィージェル　土踏まずサポート
1000円＋税／荒川産業

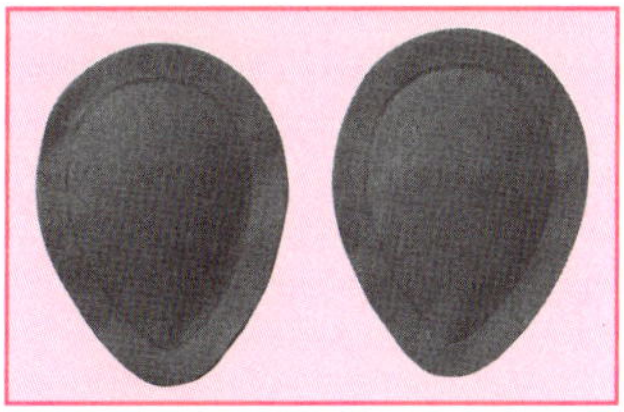

横アーチを支えるインソール
タコフィット女性用（22.5～24.5㎝）
800円＋税／荒川産業
http://www.arakawasangyo.co.jp

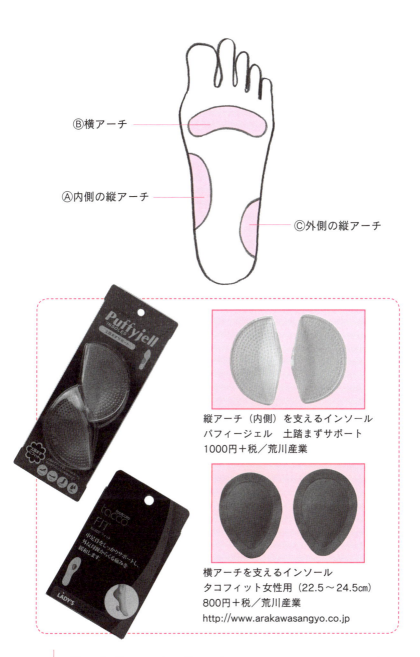

れが崩れると、通常はできる、親指で地面を蹴る動作ができなくなり、人さし指で地面を蹴るようになります。人さし指の付け根には地面を蹴るときの衝撃を吸収するクッション機能がないため、タコができたり、外反母趾が悪化しやすくなります。外反母趾やタコによる痛みがある場合には、足裏のアーチを支えるインソールが役立ちます。歩くと疲れやすい人にもおすすめです。

アーチを支えるインソールを入れるときには、骨を目印にします。アーチを形づくるための要となる骨があるので、そこをインソールで持ち上げてロックするのです。骨の構造に合わせて入れるので、狙うところが決まってきます。

かなりピンポイントに狙うので、位置がズレると骨に当たって痛みを感じることがあります。この場合、インソールを少しずらすと、痛みや違和感がなくなります。足に合わせて調整しましょう。

アーチを支えるインソールを入れると、履き心地がかなりよくなるので、歩くと疲れやすい人やふらつく人、外反母趾で痛みがある人はぜひ試してみてください。

縦アーチに入れるインソールは骨を目印に

縦アーチを支えるインソールを入れるときは、内くるぶしの斜め下にある骨を目印にします。

内くるぶしの斜め下にグリグリと出っぱっている骨がありますが、これが土踏まずをつくっている骨の頂点です。この骨の下にインソールのいちばん高いところがくるように入れると、土踏まずを構成する骨格の収まりがよくなります。

この位置は、イメージしている土踏まずの位置よりうしろにあるので、セミナーでもみなさんが驚かれます。

目印の場所にインソールを入れたら、試し履きをします。立ったときに痛みや違和感を覚えたら、前後に少しずつずらして、痛みや違和感のない位置を探します。ほんの少しの違いで履き心地が違うので、立ったときに安定感のある位置を探してみてください。セミナーなどで、ここにインソールを入れて試着したときには、みなさん「なんだか落ち着く」とおっしゃいます。

《縦アーチ（内側）を支えるインソールの入れ方》

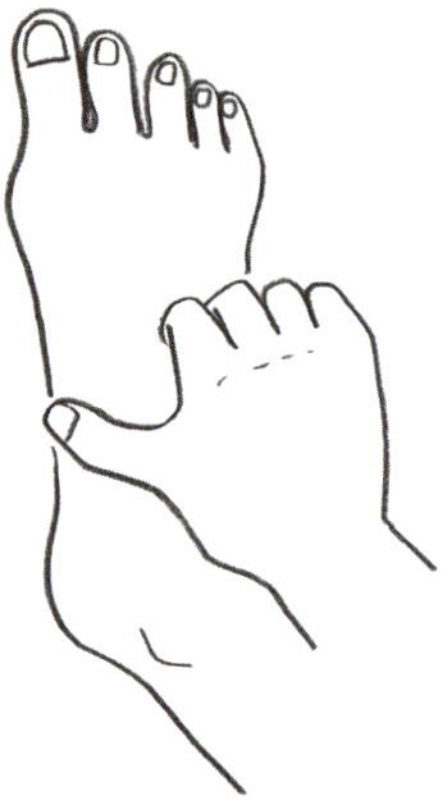

①内くるぶしの斜め下にある骨を親指で押さえる

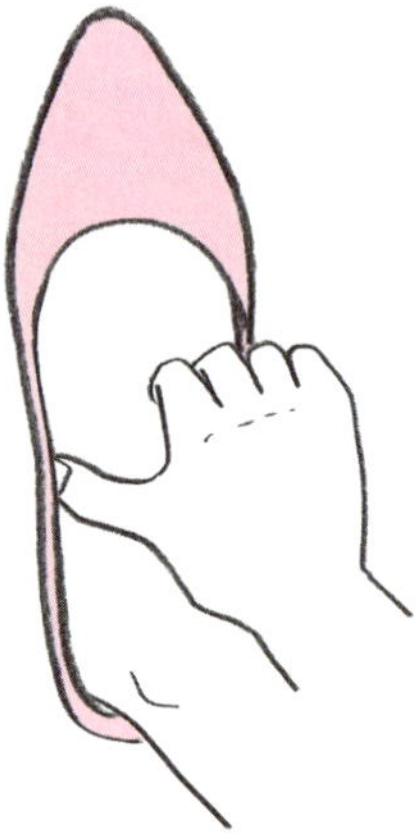

②①の状態のまま靴を履く

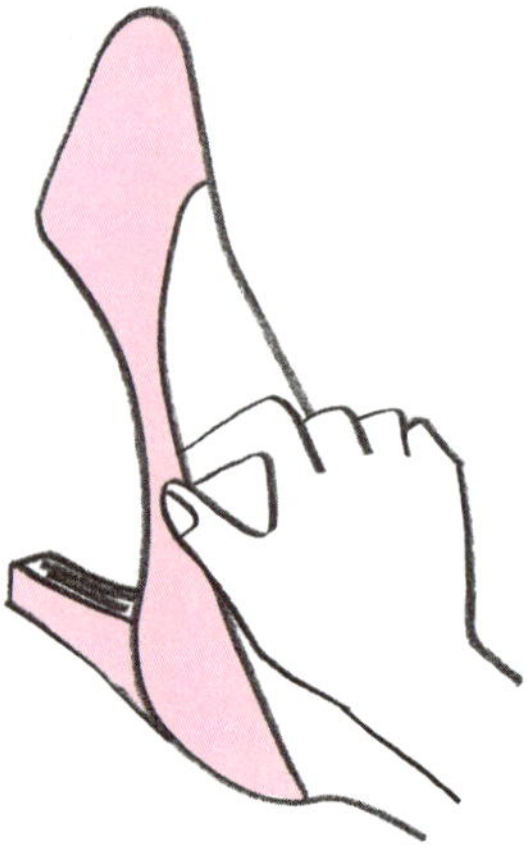

③骨の位置の靴をつかむ

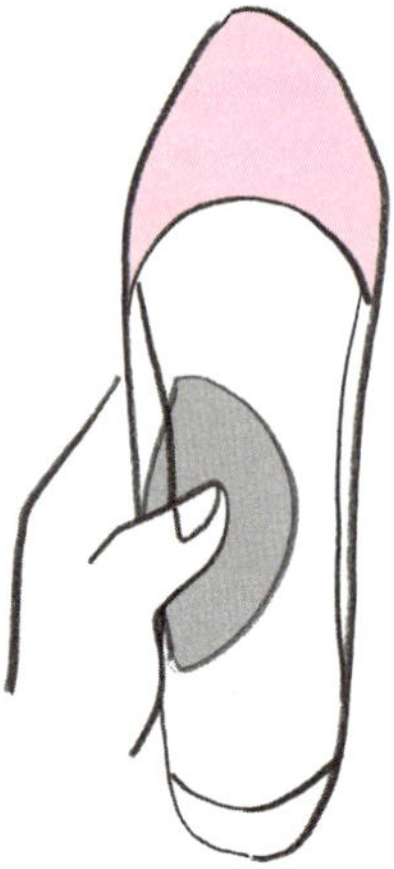

④③にインソールのいちばん高いところがくるように入れる

横アーチを支えるインソール位置は足型を利用

外反母趾、内反小趾の人におすすめなのが、横アーチを持ち上げるインソールです。涙を逆さにしたような形のインソールなので、涙型インソールと呼んでいます。足の指の骨はアーチ状をしていて、根元にくぼみがあります。このくぼみが横アーチです。ここに涙型インソールを入れてアーチを持ち上げると、外反母趾などの痛みがやわらぎ、指が動きやすくなってラクに歩けるようになります。

この位置は見た目ではわかりにくいので、インソールを入れるときには、ボールジョイントと足の左右中央が交差する位置を目印にしましょう。

このときに役立つのが、自分の足のラインに沿って描く足型です。この足型の、親指の付け根の骨が出っぱった部分と、小指の付け根の骨が出っぱった部分に印をつけ、ラインで結びます（次ページⒶ）。さらに、足の左右中央に縦のラインを引きます（同Ⓑ）。

ⒶとⒷが交わった部分が横アーチを支えるインソールを入れる位置の目印です。

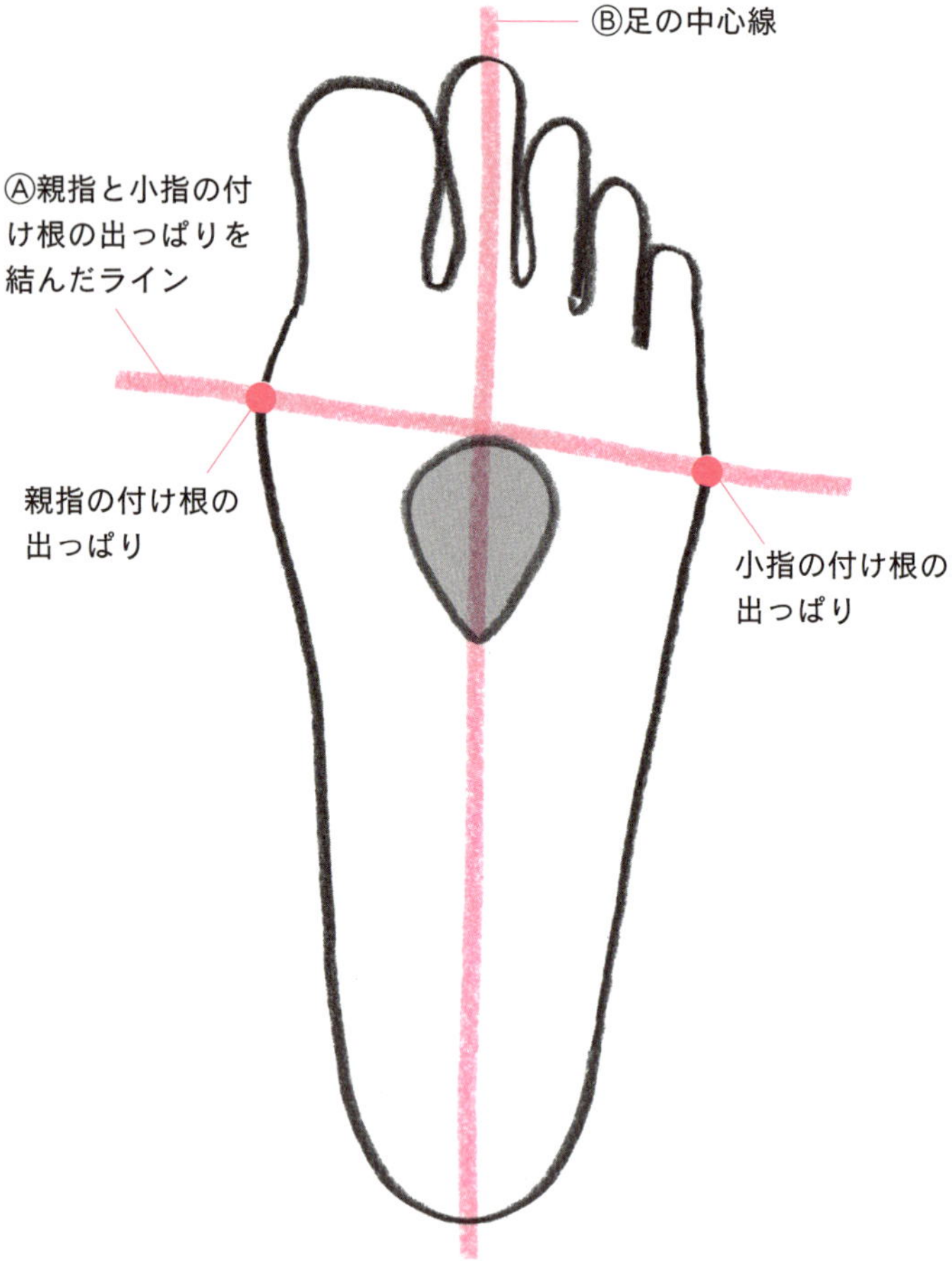
Ⓑ足の中心線
Ⓐ親指と小指の付け根の出っぱりを結んだライン
親指の付け根の出っぱり
小指の付け根の出っぱり

ちなみに、Ⓐのラインはボールジョイントと同じです。

足型の上に靴を置いて、靴の曲がる位置とⒶ、靴の左右中央とⒷを合わせます。Ⓐ とⒷが交差したところに、インソールの丸いほうの先端がくるように入れます。

涙型インソールは、とがったほうではなく、丸いほうが指側になるように入れるのが正解です。逆に入れるよう説明してある製品もありますが、その入れ方では効果が出にくいので、間違えないようにしましょう。丸いほうが指側、とがったほうがかかと側です。

涙型インソールは100円ショップで入手可

インソールは100円ショップでも売っています。実は、私も涙型インソールは100円ショップのものをおすすめすることがあります。涙型インソールは高さがありすぎると痛みを感じることがあり、100円ショップのものがちょうどいいときもあるからです。値段が安いので、気軽に試せるのも魅力です。

ただし、値段が安いぶん強度はいまひとつです。インソールを入れるときは、こまかく調整するために少しずつずらして貼ったりはがしたりしますが、強度が弱いので一度貼ったあと、はがそうとすると壊れてしまいます。

　１００円ショップの涙型インソールを使うとき、はがす際に壊れないようにするためには、貼り方にコツがあります。下の写真のように裏紙の上と下を少しだけはがした状態で貼ったりはがしたりして位置を調整し、貼る位置が決まったら全部はがして貼りましょう。上下をはがしただけの状態でもつくので、全部はがさずにそのまま使っても大丈夫です。

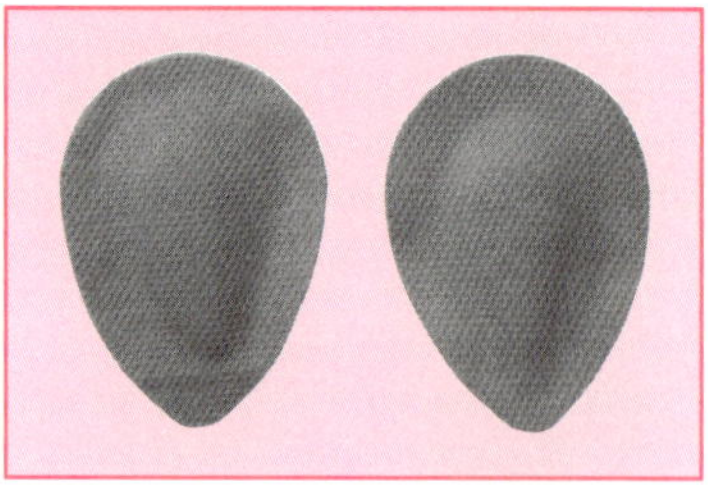

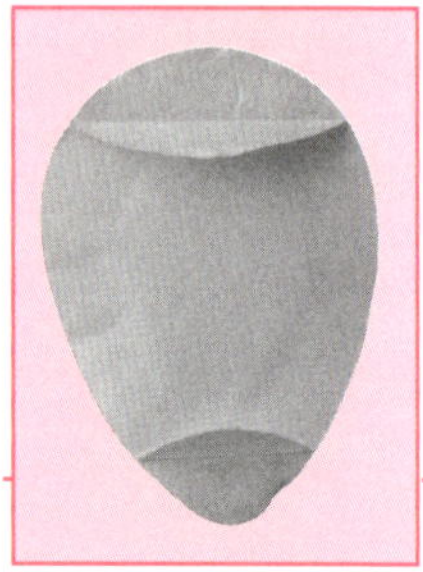

100円ショップで入手できる涙型インソール

前すべり防止のインソールと足裏のアーチを支えるインソールを入れたら、立って、少し歩いてみましょう。このとき、前すべり防止のインソールを入れた直後よりも靴がゆるく感じる人もいます。これは足裏のアーチが支えられたことで、足囲が細くなったからです。

この場合、ジェルタイプのインソールの位置を約2㎜つま先のほうへずらしたり、1㎜厚いインソールに交換するなど、再調整が必要になります。

足指と靴の曲がる位置のズレを調整

歩行時の違和感には重ねづけ

前すべり防止と足裏のアーチを支えるインソールを入れたら、立ったり、歩いたりして靴のフィット感を再度チェックしてください。つま先立ちをしたときに靴が笑ったり、シワができたり、足裏が浮いた感じがしたりするときは、ボールジョイントと靴の曲がる位置が合っていないサインです。

足裏と靴の間に隙間ができているので、ここにジェルタイプのインソール（90ページ①）を入れてみてください。足と靴の隙間がなくなって、履き心地がさらによくなります。インソールを入れる目安は、靴を上から見て「履き口にかからない」位置です。前すべり防止用インソールと重なってもかまいません。

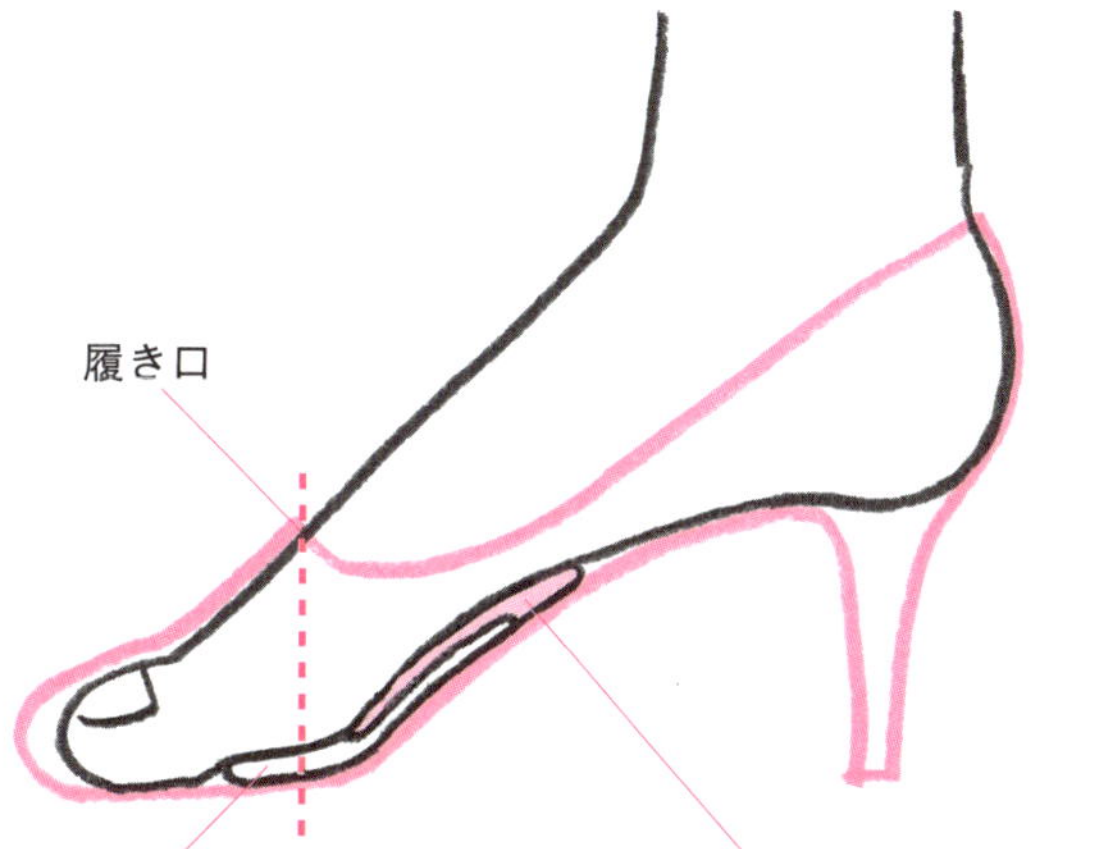

履き口にかかると、きつくなって痛みが出る
危険性があるので、隙間を埋めるインソール
は履き口にかからないように入れる

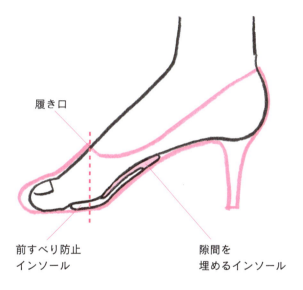

ブーツやスニーカーにも使えるインソール

オールインワンタイプは使い方しだい

私は、靴底全体に敷くオールインワンタイプのインソールは、基本的に使いません。

ただ、足裏のアーチを持ち上げる凸凹のないフラットなインソールは、ブーツやスニーカーのサイズ調整をするときに役立ちます。

凸凹があるタイプの場合は、S、M、Lというサイズのあるものを使います。サイズ展開があると、足裏のアーチの位置と大きくズレる心配はありません。ただ、自分の足に合わせて調整できないので、凸凹の位置がぴったりフィットするケースはほとんどありません。なかには骨に当たって痛い場合もあるので、合わない人には適していません。

できれば、つま先部分のないタイプをおすすめします。これは、足指の動きを邪魔しませんし、凸凹の位置を調整しやすいというメリットがあります。インターネット通販で入手できます。

靴の前方に入れるインソールは、素材がジェル以外に、スエードタイプもあります。ブーツやスニーカーの場合は、ジェルタイプだとベタつく感じがすることがあるので、スエードタイプのほうが快適です。ストッキングにはジェルタイプのほうが向いているのですが、靴下や厚手のタイツにはスエードのほうが摩擦が多く、抵抗も大きい点から、ブーツやスニーカーにはスエードタイプをおすすめします。

オールインワンタイプのインソール

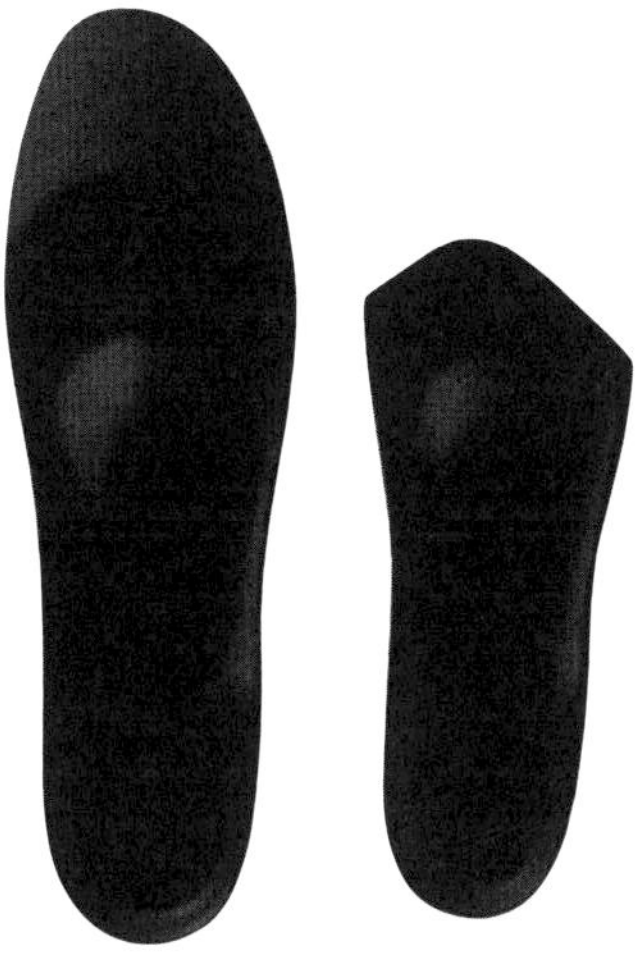

ヘブンリーインソールII　3/4サイズ（右）、フルサイズ（左）　各1足入り（S ～ Lサイズあり）　各1700円＋税／村井

インソールを活用すれば痛い靴がラクに履ける

"ちょっと惜しい靴"がぴったりの靴に変身

インソールにはそれぞれ目的があり、目的に合ったものを複数使うことで、より足にぴったりフィットさせることができることがおわかりいただけたでしょうか。インソールの厚みや位置を変えると、靴のサイズ感が変わることを実感できますので、微調整しながら、履き心地を試してみてください。

大きすぎる靴や、ボールジョイントと靴の曲がる位置が合っていない靴は、インソールで調整することで履き心地が格段にアップします。

また、足にぴったりのはずの靴でも、靴ずれができることがあります。靴ずれのできる靴は、ほんの少しだけサイズや周径の大きい、惜しい靴です。

この場合、インソールを入れることで、ぴったりフィットする靴になる可能性大です。自分で調整できるので、ぜひ試してみてください。

むくみ対策にもインソールが大活躍

合わない靴や、靴ずれができる靴の調整だけではなく、インソールは足がむくんだときや、逆にむくみがとれたときの調整にも使えます。

足がむくんだときには、すでに入れている前すべり防止のインソールをうしろにずらしたり、薄いものに変更したりします。逆にむくみがとれたときは、前にずらしたり、厚いものに変更するのです。1㎜、2㎜、3㎜と厚みの異なるものを何種類か持っておくと、むくみによる足の変化に合わせて靴を微調整できます。

そもそも女性の足は変わりやすいもの。日々変わる足に合わせて、インソールで微調整する必要があるのです。女性の足がどのように変わるのか、どう対応すればいいのかは第3章で詳しくお話ししましょう。

指先の詰め物ではサイズ調整できない

セミナーに参加されるお客様のなかに、大きな靴のつま先にティッシュや布などやわらかいものを詰めている方を見かけます。

大きいのだから詰め物をすればいい、と考えてのことだと思いますが、実は詰め物ではサイズ調整はできません。特にハイヒールは、指先がつまって痛みが出ます。

ハイヒールはかかとが高く、つま先が低くなっています。傾斜があるので、大きいハイヒールを履くと靴の中で足がすべり、前につまってしまいます。

たとえれば、靴はすべり台のようなもので、足がすべり台をすべって前にずれるのです。ですから、つま先に詰め物をしたところで、足は前にすべり、指先がつまることに変わりはありません。サイズ調整どころか指先が痛くなるだけです。

つまり、サイズ調整は指先でしてもムダ。すべり台の傾斜の途中にストッパー（インソール）をつけて、前すべりを防止するのが効果的です。

大きな靴を履くと足は前にすべり、かかと側に空きスペースができることになります。少しだけ大きい靴を履いたときに靴ずれが起きるのは、かかとと靴の間の少しの隙間ができ、そこがすれるからです。

第3章

女性の足は想像以上に変化する

インソールの
おかげで
眠っていた靴が
履けるようになった!
うれしい!!
Cafe

STATION
あれ?
気のせいかな?
なんか靴が少し
ゆるくなった
ような……

気のせいではありません
足のサイズはちょっとした
ことで変わります
えーーーっ!
せっかく調整したのに〜
せっかくインソールで調整
しても、また痛くなったり
するんですか!?
まぁまぁ落ち着いて。
実は、足のサイズは思っている
以上に変化するのです。
だから、インソールの調整は
一度すればそれでおしまい
ではないんです

洋服は、太ったりやせたりしたら買い替えますね。靴もそれと同じ。むしろ洋服よりもこまめなサイズ調整が必要です。なぜなら足の大きさはさまざまな原因ですぐに変わるのですから
そうなんですか？

立ちっぱなしや座りっぱなしでいると、足はむくみますね？それは、体内の水分が重力のせいで下半身にたまるから。水分がたまるとむくんで、足も大きくなります

むくんでいるときといないときで靴を替えるのは現実的ではないから、インソールで調整すればいいのです！
なるほど！
むくみがとれて靴がゆるくなったときは、前すべり防止のインソールを約２㎜つま先のほうへずらしましょう
逆に、夕方になって足がむくんできたら、かかと側にずらして調整してくださいね
STATION
わかりました行ってきます！

今日は友達の結婚式！
とっておきのハイヒールとワンピースでおしゃれして
わーん、かかとが痛いかも……どうしよう
そんなときはコレが活躍
応急処置で化粧用パフをかかとにはさみましょう
WOW!
ありがとうございます！

外出先で足が痛くなるとつらいものです。そうならないための豆知識をお教えしましょう

履きなれないハイヒールは会社で慣らし履き

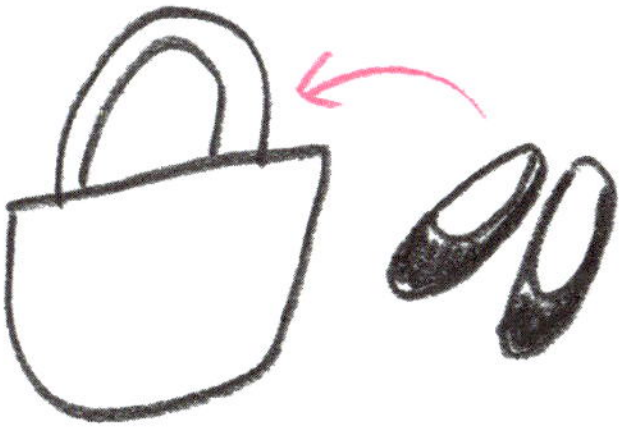

痛くなる不安のあるときには、歩きやすい靴をバッグに

24
24
TRY

最初は10分のお出かけから

お酒を飲むとむくむので、少しゆるめの靴で

ところで、むくみ以外でも足は変わります
どういうことですか？

例えば、妊娠・出産後の女性の足はとてもやわらかいので、この時期のケアで足の状態が変わっていきます
更年期以降、女性の足はかたくなっていきます

足って、いろいろな原因で変化するものなんですね。知らなかったです
さらにもうひとつ、足に合う靴を履くことで、足幅が細くなる方がいます
えーっ？
足裏のアーチが復活して、足幅が細くなるケースがあるのです。足裏があるべき姿に戻ったのですから、いいことなのです！

足の大きさはさまざまな原因で変わる

家から駅まで歩いただけで足は変わる

玄関を出るときにはぴったりだった靴が、駅に着くころにはゆるくて脱げそうになったという経験はないでしょうか?

これは、ふくらはぎが正しく機能していることで起きる生理現象です。けっして珍しいことではありません。

足に合った靴で正しく歩いていると、ふくらはぎのポンプがきちんと機能するようになります。すると、ふくらはぎの血管やリンパ管が刺激されて循環がよくなり、むくみがちな下半身がすっきりするのです。

特にハイヒールを履いていると、ふくらはぎの筋肉が適度に刺激されるので、むくみが解消されやすいことはあまり知られていません。もちろん、「足にぴったり合った」という条件付きですが。

一般的に、「ハイヒールは歩きにくい靴」というイメージがありますが、本当はかかとにある程度の高さがあるほうが歩きやすく、むくみにくいのです。

座った状態でいいので、かかとを上げてみてください。ふくらはぎの筋肉がキュッと締まるのを感じます。同時につま先は床にしっかり押しつけられています。足指が地面にしっかりついて、地面を蹴る動きがしやすくなるのです。このとき、足裏にはきれいなアーチができています。

かかとを少し上げることで、足指から足裏、ふくらはぎの筋肉がつながって、歩くときにしっかり使

《ふくらはぎを使って歩くとむくみがとれる》

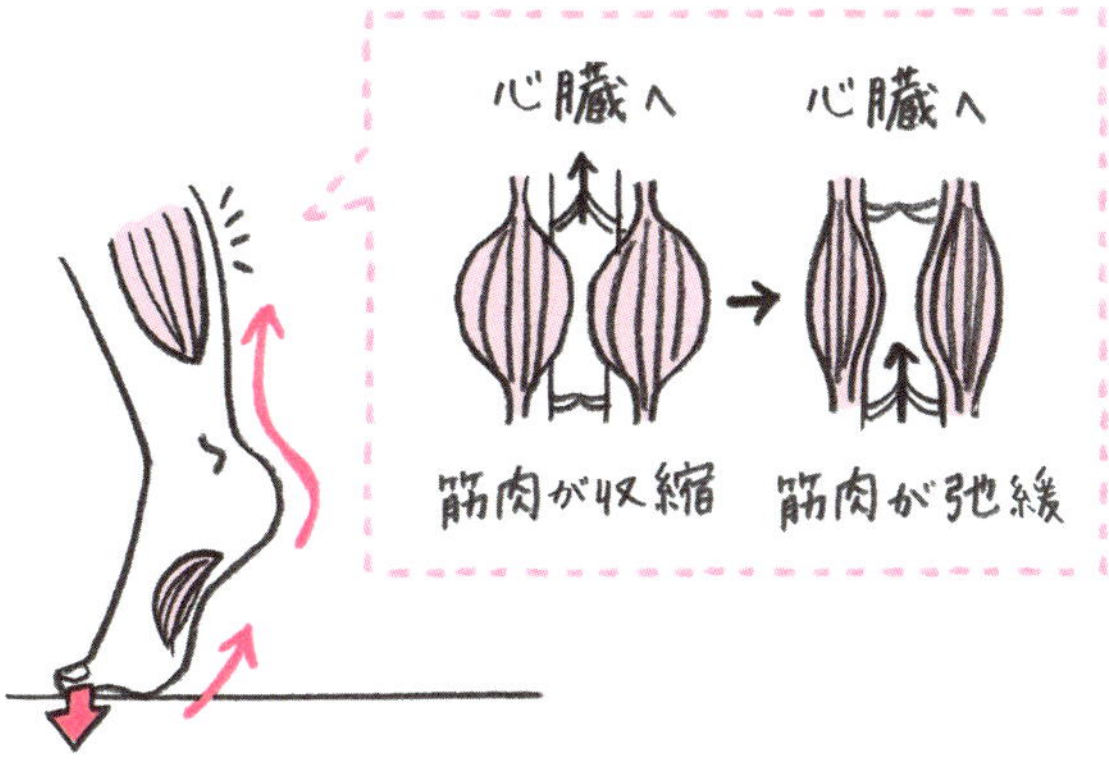

えるようになるのです。ヒールの高い靴を履いて歩くと、このかかとを上げた状態を維持することになるので、ふくらはぎの筋肉が刺激されてむくみ解消にとても効果的なのです。

ふくらはぎから下はむくみ解消の効果が表れやすく、わかりやすい部位です。足の大きさがむくみの有無でかなり変わることはあまり知られていません。

気温や気圧の変化でも変わる

気温・湿度も足に影響します。

気温が高くて湿度も高い夏は、発汗することで体温を調節しようとするので毛穴が開きます。すると、皮膚の表面積が大きくなります。つまり、夏の足は寒い時期に比べて大きくなっています。

逆に、気温が下がると、体温を維持しようとして毛穴が締まるので皮膚の面積が小さくなり、体全体が締まります。このときは足も小さくなっています。

夏はストッキングで履いていたハイヒールを、冬、厚手のタイツで履いても履き心地にさほど違いを感じないのは、冬の足が小さくなっているからです。

気温・湿度以外に気圧も影響します。基本的に、日本近辺の平均的な気圧は1013ヘクトパスカルで、夏になるとやや高く、冬になるとやや低くなります。最近、低気圧になるときに体調が悪くなる人が多いのですが、足も少なからず変わっています。そのため、気圧が変わりやすい秋や春は、体が安定せず、足の大きさも変わりやすくなっています。足（体）が夏と冬の間をいったりきたりしているので、サイズもそれにともなって変化するのです。

それなのに、靴の新製品がそろうのは春と秋です。実は、靴を購入するのは新作が発表されるときよりも、足が安定している夏と冬のほうがいいのです。この時期はセール期間なのでお財布にもやさしいという、うれしいメリットもあります。

飲み会のときは要注意

むくみで忘れてはならないのがアルコールの影響です。

宴席に、ぴったりのハイヒールやブーツを履いていったら、帰るときに足がむくんで大変だったという失敗談をよく聞きます。きつくなったハイヒールは痛くて歩くのが大変、ファスナーが上がらなくなったブーツをどうやって履こうかとあせったという話です。

そもそも、ビールや酎ハイ、ワインなどはほとんどが水分。お酒は尿として排出され、排出された水分を補おうとしてのどが渇きます。アルコールを分解するためにも水分が必要なので、そのための水分も体は欲します。

アルコールを飲むとふだんよりも多い水分をとることになるので、排泄量よりも摂取量が上回って、体内にたくさんの水分をため込むことになります。

飲み会の会場が座敷だったりすると、正座でもむくみやすく、宴会が終わるころには足がむくんでパンパン、ということが少なからずあります。

楽しい飲み会でアルコールを控えるというのも野暮な話なので、飲み会のときにはむくんでもOKのゆるめの靴を履いていくというのも手です。ゆるめの靴なら出かけるときに厚手のインソールを入れておいて、帰るときにそれをはずせばちょうどいい履き心地になるでしょう。

もし、うっかりぴったりの靴やブーツを履いていってしまったときは、ふくらはぎをマッサージしたり、かかとを上げ下げするストレッチをすると、むくみが多少軽くなります。

ふくらはぎのマッサージは、かかとからひざに向かって下から上へもみほぐします。意外と速効性があるので、試してみてください。

その場で、かかとを上げたり下げたりするストレッチも有効です。ふくらはぎの筋肉が収縮と弛緩を繰り返すので、血行がよくなってむくみが早く解消されます。

お酒で足がむくんだら靴を
履く前にかかとを上げ下げ

生理前は特にむくみやすい

もうひとつ女性のむくみに大きく関係しているのが、生理周期です。

女性の生理はエストロゲンとプロゲステロンという、２種類の女性ホルモンによってコントロールされています。プロゲステロンには「妊娠に備えて血管を拡張させ、骨盤内に血液をためさせようとする」働きがあり、分泌が増えているときには血行が悪くなります。

エストロゲンの分泌量は生理の終わるころから排卵前にかけて増えるのですが、プロゲステロンは逆に排卵後から徐々に分泌が増えていきます。排卵日は生理が始まる日からおよそ14日後なので、そこから次の生理が始まるまではむくみやすい時期ということです。月の半分近くがむくみやすい時期です。

むくみやすい時期には、むくんでも痛くないゆるめの靴にインソールを入れて履く、むくんでも履ける大きめの靴をバッグに入れておくなどして、外出先でのトラブルを防ぎましょう。

《女性ホルモンのリズム》

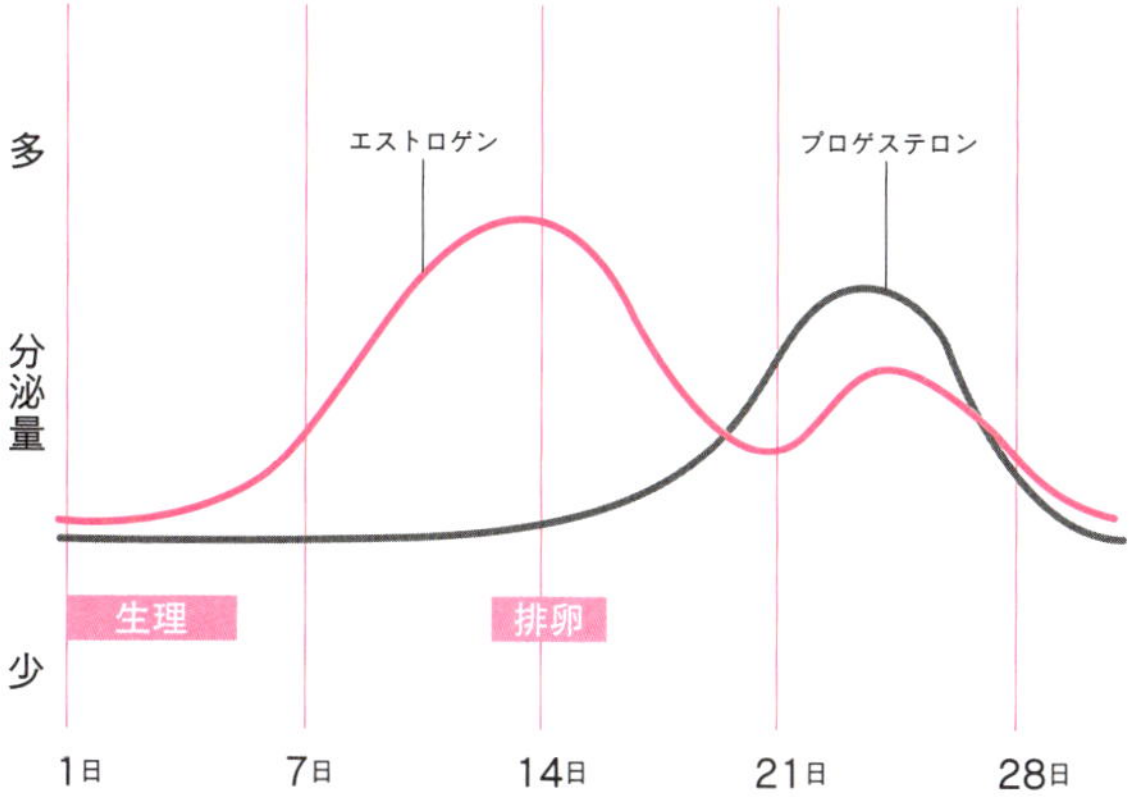

また、リラキシンというホルモンは生理中に分泌量が少し増加します。リラキシンは子宮弛緩因子《しきゅうしかんいんし》とも呼ばれ、卵巣、子宮、胎盤などから分泌されています。基本的には、妊娠中に分泌量が増え、産道周辺の関節や靱帯《じんたい》をゆるめる作用があります。

生理は小さな出産ともいわれ、妊娠・出産のときと同じような反応が体の中で起こっています。リラキシンも生理が始まったときに少しだけ分泌され、その影響で産道以外の靱帯もゆるみます。足の靱帯もゆるむので、足がやわらかくなります。リラキシンの分泌がなくなると靱帯はまた締まります。

実は、足の状態にこのリラキシンが大きく関係しています。わかりやすくいうと生理中~生理後は足がやわらかくなっているので、きゅうくつな靴を履いたとき、靴に合わせて足が収まりやすくなっています。リラキシンの分泌がなくなるときまで履き続けていれば靱帯が締まり、足裏が理想のアーチの状態のまま維持されることになります。

つまり、生理前後は足が変わりやすいタイミングでもあるのです。ただ、きゅうくつな靴を履くためには足がむくんでいないほうがいいので、すべての人に当てはまるわけではないのが難しいところです。むくみが少ない人は、生理前後は足裏のアーチを理想の状態に戻すチャンスです。

靴はこまめに調整するもの、と考えよう

ハイヒールは足を覆う面積が少ない履き物です。こうした靴を履いているときに足の大きさが少しでも変わると、靴のゆるさやきつさを感じやすくなります。これは靴が悪いのではなく、むくみで足の大きさが変わっていることが原因だということを知っておいていただきたいのです。

足は、むくみやすいと同時に、歩いたりするとすぐにむくみが解消します。足は1日のなかでも大きさがめまぐるしく変わります。

靴のサイズは、22・0㎝、22・5㎝、23・0㎝などと5㎜刻みです。5㎜の違いはむくみの有無で生じることが多々あります。

だからこそ、足の変化に合わせたインソール調整が大切なのです。このことは、ほとんどの人が知りません。靴の専門家でもそこまでアドバイスする人はほとんど

いないでしょう。靴が足に合わないのは靴のせいだと考えている人がほとんどです。

変化する足に合わせて自由自在に伸び縮みする靴はありません。「靴が悪い」と考えていたら、いつまでたっても足に合う靴とは出合えないと言ってても言いすぎではないのです。

もちろん、靴を購入するときに「足にぴったり合った靴」を選ぶことはとても大切なことです。ただ、靴との付き合いはそこで終わりではありません。購入後も自分の足に合わせてこまめに調整することで、自分の足に合うシンデレラの一足が手に入るのです。購入後も手間をかけることが必要なのです。

足のむくみ方は人によって違います。靴のトラブルが多い人はむくみやすく、足の長さや足囲が頻繁に変わっているように感じます。

そもそも、むくみ方が著しいから、朝はきつかった靴が歩いているとゆるくなったり、朝はちょうどよかった靴が夕方にはパンパンで痛くなったりするのです。靴のトラブルが多い人は、むくみにくく、歩いても変化しにくい足づくりをめざすことも大切なのです。

年齢や出産で女性の足は大きく変わる

妊娠・出産後は劇的に変わりやすい

女性の妊娠・出産後は、特に足が変わりやすいときです。

出産後、育児休暇などで家にいる時間が長いと、つっかけやサンダルなど履きやすいものを履くことが多いのではないでしょうか。家にいるときはこうした着脱しやすい履き物が便利で、つい履いてしまうのはわかるのですが、こうした足をホールドしない靴を履いていると、足が変わりやすい産後のタイミングの、せっかくのチャンスを生かせないのでもったいないのです。

できれば出産後は、スニーカーでいいので足を締めるタイプの靴を履くようにしましょう。締めることで足が出産前の状態に戻りやすくなります。

生理のところでお話ししたように、妊娠するとリラキシンという子宮周辺の関節や靭帯をゆるめるホルモンが分泌されはじめます。ホルモンは血液にのって全身に運ばれるので、子宮以外の関節や靭帯もゆるめます。

出産後は分泌がストップしますが、その影響は1年半ほど続きます。この間につっかけやぞうり、サンダルなどばかり履いていると、足裏のアーチが崩れてしまいます。産後の子育てが一段落して、リラキシンの影響がなくなるころには、その状態でかたまってしまうケースがよくあります。

お客様のなかにもリラキシンの影響で靭帯がゆるみ、育休が終わって職場復帰するときにハイヒールが履けなくなった……、という方がいらっしゃいます。

リラキシンの影響が続いている産後1年半の間に、足を締める靴を履いて、足裏のアーチが元に戻るのを助けてあげましょう。

いちいち靴ひもを結ぶのがめんどうだという人には、キャタピランという、結ばなくても締められるスニーカー用靴ひもがおすすめです。これは靴を脱ぐことが多い日本人向けに開発されたゴムひものような靴ひもで、最近、注目を集めています。

更年期以降は足がかたくなる

お客様の悩みを聞くと、30代を過ぎてからハイヒールが履けなくなったという声をよく聞きます。ちょうどそのころは、ヒップや二の腕など体のラインがゆるんで下がってくる時期でもあります。

これは、加齢によって靱帯の弾力が失われ、生理のときなどにリラキシンの影響でゆるんだ靱帯が元に戻りにくくなっているからといわれています。30代はまだまだ若いと思うかもしれませんが、定期的に運動するなど意識して鍛えていないと筋肉はどんどん減っていきますし、靱帯の弾力性も失われてしまいます。

例えば、足にぴったり合った靴を履いて、毎日、颯爽と歩いていればそれだけでふくらはぎの筋肉が鍛えられ、背すじがすっと伸びて体幹も鍛えられます。

しかし、このときにぺたんこ靴を履いたり足に合わない靴を履いていると、ふくらはぎの筋肉をうまく使えず骨盤の位置も傾きやすくなるので、ねこ背になってしまいがちです。筋肉がつくどころか、どんどんゆるんでいってしまうのです。

30〜40代はまだいいのですが、50歳前後になって更年期を迎えると、女性ホルモンの恩恵を受けられなくなります。閉経して、リラキシンの働きで体をゆるめてリセットするチャンスがなくなるので、体がどんどんかたくなっていきます。

足も同じです。それまでに外反母趾などの足のトラブルがあった場合、足がよくない状態でかたまるので、外反母趾がどんどん悪くなる方がたくさんいらっしゃいます。

外反母趾は痛いところに当たらない大きな靴がいいと勘違いされていますが、本当は外反母趾がそれ以上悪化しないようにきゅうくつな靴を選び、当たって痛いところを伸ばして履くほうがいいのです（１６６ページ参照）。

更年期に大きな靴を履いていると、足がゆるんで足のアーチが崩れた状態のままかたまり、親指の根元の骨の変形がひどくなりやすいのです。外反母趾の間違った対処法が世間に広まっていることが、更年期以降に女性の足のトラブルが急増している大きな要因だと感じています。

ぴったりの靴を履くと足が変わる

きちんと歩けるようになると足が変わる

お客様のご相談で多いのが、足に合った靴を選んだはずなのに、だんだんゆるく感じるようになってきたというものです。

実はこれ、足のトラブルを抱えている人にはありがちなことです。

最近は、セミナーなどでお話しするときには、「ぴったりの靴が見つかったからといって、何足も大人買いしないようにしてくださいね」「まず1~2足買って、様子を見ながら買いそろえていきましょう」、とお願いするようにしています。

これは、足に合う靴を履くことできちんと歩けるようになり、足がいい状態に変わったことで起こる悩みなのです。

足に筋肉がついて締まってくる

あなたの足がいい状態かどうかをチェックする簡単な方法があります。

家の中ではだしでつま先立ちをしてみてください。グラグラしたり、ふらついたりするのは、足指から足裏、ふくらはぎの筋肉がうまく使えていないサインです。

足裏のアーチがしっかりあって、足指から足裏、ふくらはぎにかけてうまく連携がとれていれば、かかとを上げたくらいではふらつきません。足指が地面をしっかりつかみ、足裏の筋肉が体重を支えているのでバランスがきちんととれるはずです。

ふらつくのは主に足に合っていない靴を履いていることが原因。足に合った靴を履くようになれば、足指はしっかりと地面をつかみ、インソールで足裏のアーチが支えられているのでバランスよく立つことができます。

足指から足裏、ふくらはぎへの連携がスムーズにできるので、ふくらはぎの筋肉をしっかり使って歩くことになります。その結果、ふくらはぎが締まってすっきりと細くなります。足裏にも筋肉がしっかりつきます。

足裏のアーチが復活して幅が細くなる

インソールで足裏のアーチを支えると歩くのがラクになるのですが、アーチの崩れがそれほどひどくなかったり、年齢が若かったりする場合は、足裏のアーチが元に戻るケースもあります。

その場合、足幅が細くなって手持ちの靴がどんどんゆるくなっていきます。足がいい状態になったということなので喜ばしいことなのですが、せっかく探したぴったりの靴や、インソールで調整した靴がまた履けなくなるのでがっかりしてしまうようです。

確かに、せっかく見つけた靴や調整した靴が履けなくなるのはショックかもしれません。でも、足裏のアーチが崩れた状態はいいことではありません。足のトラブルのほとんどは「開張足から始まる」といわれるくらいですから、そのまま放置するのは避けたいものです。

新しい靴を探す、またインソールで調整するのは手間がかかります。ただ、将来、

《足囲（ウィズ）の測り方》

体重をかけたときの足囲は
立って測る

体重をかけないときの足囲は
座って測る

起こる足のトラブルのリスクを下げられたのですから、「足がいい状態になった」といいほうに考えるようにしてはいかがでしょう。

開張足がひどい人ほど、足に合う靴を履くと足幅がどんどん細くなっていきます。体重をかけたときと体重をかけていないときの足囲を測り、その差をチェックしてみましょう。差が1・2㎝以上あると開張足が疑われます。

また、この差が大きいほど足幅が細くなっていく可能性が高いので、靴を購入するときは慎重に検討してください。

足の変化が予想できるときはインソールで対応

季節の変わり目、飲み会、朝や夕方、生理の前後など、むくみで足の大きさが変わりやすいときは、前すべり対策のジェルインソールの位置をずらしたり、厚さを変えたりして調整しましょう。

基本は、ゆるいときにはつま先側に2㎜、きついときにはかかと側に2㎜ずらすのでしたね？ 覚えていますか？ それでもゆるかったりきつかったりするときには、インソールの厚さを薄くしたり、厚くしたりして調整しましょう。

常備していると安心なグッズ

外出先で靴がきつくなったり、ゆるくなったりすることがあります。そのときは前すべり予防のジェルインソールが役立つので、厚さの違うインソールをバッグの中に常備しておくと安心です。薄くて軽いので、バッグに入れていても邪魔にはなりません。

そしてもうひとつ。化粧用パフもしのばせておきましょう。かかとがすれて靴ずれになりそうなときは、このパフをかかとにはさむと靴ずれ予防になります。

最近は、ストッキングの上から履くタイプのソックスも人気です。靴が大きいときには、ストッキングの上にソックスを履くと、サイズ調整に役立ちます。すべり止めがついているものもあるので、上手に使えば前すべり予防にも役に立つでしょう。ぜひ活用してください。

コラム

ハイヒールで歩ける足をつくる

ハイヒールで颯爽と歩くには、ハイヒールが履ける足づくりも必要です。足裏のアーチが崩れていたり、足指を使って歩けていなかったり、ふくらはぎの筋肉が衰えていたりする人が、いきなり高いヒールの靴で歩こうとするのは無謀。

たとえるなら、相撲部屋に入門したばかりの新弟子がいきなり横綱に勝負を挑むようなものです。ハイヒールで歩ける足を手に入れるためには、まず正しく歩いて筋肉をつけましょう。

正しい歩き方のポイントは次の２点です。

正しい歩き方は「かかとから着地する」というイメージがありますが、かかとから着地して歩くとうまく歩けません。着地するときは足裏全体でフラットに着地するようにしましょう。そうすればふくらはぎの筋肉がうまく機能します。

そして、地面に着いた足に体重をのせ、うしろにある足の親指で地面を蹴るようにして歩きます。こうすることで股関節がちゃんと動いてバランスよく歩けるようになります。

具体的には、頭の上に本をのせたような背すじを伸ばしたイメージで、モデルのように歩きましょう。歩幅を５㎝広げるイメージをするとより効果的です。

第4章

靴選びの常識 ウソ・ホント

常識

外反母趾の人は大きめの痛くない靴を選んだほうがいい

「NO！ きゅうくつな靴を選び、当たって痛いところはストレッチャーで伸ばそう」

外反母趾とは親指の付け根の骨が外側に出っぱり、くの字のように曲がってしまった状態のことです。出っぱった骨が靴に当たると痛み、ひどくなると靴が履けない、歩けない、という悩みを抱える人もいます。外反母趾かどうかはわかりにくいので、親指の付け根が変形していて、靴を履くと痛みがあったり、歩行時に痛むときには、整形外科で診てもらいましょう。

外反母趾があると、痛みを避けるために幅の広い、骨に当たらない大きめの靴を履く人が多いのですが、これは誤りです。実は、外反母趾の人も「かかとから足指の付け根の手前までがぴったりフィットする靴」を履いたほうがいいのです。

外反母趾の人が幅の広い靴を履いていると、痛みは出ないかもしれませんが、ますます開張足が進んで骨が変形し、外反母趾がひどくなってしまうそうです。

これは、整形外科の医師が専門医向けの医学書に書いていることですし、世界的な靴ブランドの創始者であるフェラガモも自伝で言い切っています。

むやみに幅の広い靴を選ぶのではなく、当たって痛いところは、ストレッチャーという専用の道具を使って伸ばします。試し履きをしてみて親指の付け根以外がぴったり合う靴を選び、その後、骨が当たる箇所の革を伸ばして調整するとよい、と日本靴医学会の会長などを務めたこともある井口《いのくち》傑《すぐる》博士はおっしゃっています。

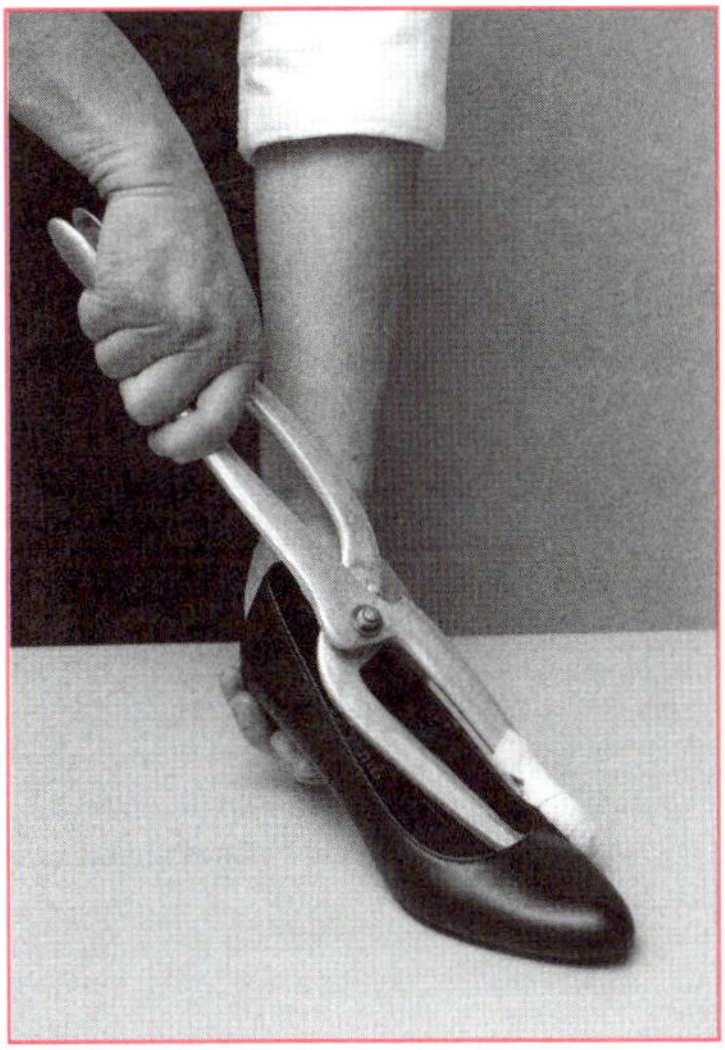
革を伸ばすストレッチャー

革を伸ばすストレッチャーはインターネット通販などでも購入することができるので、外反母趾の人は持っておくと安心です。

常識

かかとの高い靴は、歩きにくくて疲れる靴

「NO！　適度な高さがあるほうが歩きやすい。バランスがいいのは3～5㎝ヒール」

足に合っていない靴を履いている人があまりにも多く、「ハイヒールで歩くと疲れる＝かかとの高い靴は歩きにくく、ぺたんこ靴が歩きやすい」という間違ったイメージが定着してしまっています。

かかとのないぺたんこ靴は、歩行時にかかとに体重がかかるため、長時間歩くと疲れてしまいます。ただ、もっとも安定感があるので、足裏のアーチが崩れていたり、足指をうまく使って歩けていないなど、バランスがとれない人には履きやすく、歩きやすいと感じられるのです。

実は、足にぴったり合った靴なら、適度な高さがあったほうが歩きやすく足に負担をかけません。つまり、ぺたんこ靴よりもハイヒールのほうが歩きやすく、疲れ

にくい靴ということです。

ヒールの高さはさまざまですが、低（2〜3㎝）、中（3〜5㎝）、高（7㎝程度）の3種類が基本になります。

足裏にかかる荷重バランスが中央に来て、歩くときもっともバランスがいいのが3〜5㎝のヒールです。ある程度の高さがないとかかとにかかる荷重が大きくなり、ヒールが高すぎるとつま先にかかる荷重が大きくなるので、これくらいの高さのヒールがもっとも歩きやすいといわれています。

7㎝以上のヒールは少し高めですが、足幅に合った靴を履いていれば、靴の中で足がホールドされるので不安定にはなりません。常につま先立ちの姿勢をとっているので、ふくらはぎに適度な負荷がかかり、下半身を引き締める効果があります。

右から2.5㎝、5㎝、7㎝

常識

スニーカーのサイズとハイヒールのサイズは同じ

「NO！ スニーカーとハイヒールではサイズ表記の基準が違う」

スニーカーとハイヒールを同じサイズで購入している人が多いのではないでしょうか。実は、それが靴のサイズ違いを生んでいます。

実はスニーカーは、「木型サイズ」という、実際の長さが表示されています。靴を履くときには指先に1㎝ほどの余裕（捨て寸）が必要なので、23㎝と表記されているスニーカーは実際には22㎝の足に合う靴ということになります。

これに対し、ハイヒールは履いたときにつま先に少し余裕ができるよう捨て寸を含んだ「足入れサイズ」で表記されているものがほとんどです。つまり、23㎝と表記されている場合は、捨て寸が1㎝含まれているので実際には24㎝内寸があり、23㎝の足の人に合った靴ということになります。

日本では、スニーカーとハイヒールのサイズ表記が違うことがほとんど知られていません。

23㎝のスニーカーを履いている人は、ハイヒールのサイズは22～22・5㎝が適しています。それなのに、スニーカーと同じサイズのハイヒールを選んで、自分の足よりも大きな靴を履いているケースが多いのです。そして、そのまま間違った靴を選び続けてしまう……。これが日本人女性が大きすぎる靴を選んでいる原因のひとつだと感じています。スニーカーとハイヒールの実際のサイズが違うことを知っているだけでも、間違った靴選びが減るはずです。

ただし、スニーカーだから必ず木型サイズの表記とも限りません。靴メーカーのなかには足入れサイズでつくっているところもあります。どちらにしても、靴メーカーのサイズ表記はあてになりません。靴は実際に履いてみて、自分の足に合っているかどうかをチェックすることが大切です。

常識

足が細すぎて合う靴がない人は、大きめを履くしかない

「NO! 細靴メーカーを利用しよう」

足に合う靴の選び方を知って靴を探しに行ったら、自分に合う靴が見つからなかった、という声をよく聞きます。

これは、現在の日本の靴メーカーがAA、A、Bなどの細い靴をほとんどつくっていないせいです。靴売り場に自分に合う靴が置かれていない、というのは悲しい現実です。でもこれは、それほど珍しいケースではありません。

自分に合う靴が見つからないのは自分の足がヘンなのかもと悩む人もいますが、靴メーカーの怠慢のせいで、あなたの足が悪いワケではありません。落ち込まないでくださいね。最近は幅の細い靴をつくっているメーカーもあるので、そうしたメーカーを利用して自分に合う靴を探しましょう。

幅の細い靴をつくっているメーカーリスト

ShoePremo　シュープレモ

自身も細幅足のオーナーが、「あったらいいのに」と考える靴やサービスを展開するブランド。失敗しない靴選びのために購入前の試着システムがあり、自宅または試着オーダー会（東京／大阪、他）で無料のフィッティングサービスが受けられる。デザインも豊富で、左右サイズ違いもOK。再調整のサービスもある。

http://shoepremo.com
TEL:050-5856-1069（水・土・日除く10：00〜17：00）

Chochotte　ショショット

靴選びに悩んでいたシューズデザイナーが、「自分が履ける靴をつくりたい」「細い足で困っている人は多いはず」という思いで立ち上げた。デザインが豊富で、ぺたんこ靴から7㎝ヒールまで幅広く展開している。季節限定色も人気。

http://shoe-chochotte.net
info@shoe-chochotte.net

tartaruga　タルタルガ

細靴のセミオーダーができ、足囲AAAA相当にも対応可能。日本だけでなく海外からのオーダーもあり、好みの革、色を選んで自分だけのオリジナルの靴をつくることができる。創業40年以上の細靴業界のパイオニア的存在。

http://www.tartaruga.co.jp
大阪市中央区北浜3-1-11　平井ビル１F、B1F
TEL＆FAX06-6209-0737（日休）

パンプスメソッド研究所　i/288

全日本革靴工業共同組合連合会が運用する実験的プロジェクト。日本人の足に合った靴をつくり、新たな販売方法を確立しようと模索している。パートナーショップで、JIS規格の144サイズ×2タイプすべてが試着可能。

http://www.pumps288.jp
予約TEL:03-6206-3151

常識

靴ずれは、靴が小さいからできる

「NO！　靴ずれは、靴がほんの少し大きいときに、皮膚と靴がすれてできる」

前にも触れましたが、靴がほんの少しだけ大きくて、皮膚と靴の間に隙間があると、歩くときに皮膚と靴がこすれて靴ずれができてしまいます。

足にぴったり合った靴なら靴ずれはできません。少しだけ大きい靴は、インソールで調整することで靴ずれに悩まされる心配がなくなります。ぴったり合った靴なら、歩くときに皮膚と靴はぴったり合って一緒に動くので摩擦は起こりません。

いい靴ほどかかと部分はかたく、しっかりホールドするようになっているので、最初は少しすれて痛みます。かかとと靴の形が合っていればインソールで調整したり、履き慣らすことで靴ずれに悩まされなくなるでしょう。

ただ、靴ずれのなかには靴とかかとのカーブの形状が合わないために起こるケースもあります。靴を真上や真横から見て、かかと部分のカーブをチェックしてみてください。自分のかかとのカーブと違っている場合、靴ずれが生じます。この場合はインソールでの調整ができないので、プロに相談して調整してもらいましょう。

もうひとつ、骨が原因の靴ずれもやっかいです。

かかとに出っぱったこぶのようなものができている場合は、ぴったり合った靴を履くと痛みが出てしまいます。この場合、外反母趾と同様にこぶが当たる部分をストレッチャーで伸ばすしかありません。

このこぶは、足に合わない靴を履き続けて、かかとがこすれるのをずっと繰り返すことで出っぱった部分が骨のようにかたくなってしまったものです。骨化しているので、痛みが出ないよう調整する必要があります。

この場合も自分で調整するのは難しいので、プロに相談して合う靴を選んだうえで調整することをおすすめします。ひどい場合には医師に相談したほうがいいケースもあります。

お久しぶりです！

こんにちは！半年ぶりですね。あれからどんな感じですか？

いいことばっかりです！履けない靴を買わなくなりました手持ちの靴もインソールを活用して履けるようになりました！

ただ、最近、どの靴もゆるくなってきたように感じて……

では、いまの足囲を測ってみましょう

ああ、やっぱり以前に比べてかなり足が細くなっていますね
インソールで調整した靴も、ゆるくなってきたんじゃないですか？
そうなんです

せっかくインソールで調整したから、ちょっとゆるくてもこのまま履けないかな……　なんて
その気持はわかるけど、大きすぎる靴を履き続けていると、また開張足になっちゃいますよ

それはイヤーーーー！

そうでしょう？
せっかく足裏のアーチが
復活したのにもったいない。
いまの足に合う靴を
新しく買いましょう
そうなると……
まずは通勤用のパンプスでしょ
夏用にサンダルも欲しいし、
冠婚葬祭用の靴も1足は必要よね。
うわぁ、いくらかかるのかな～？
ちょっと待って！

もしかしたら、この先、まだ変わるかもしれません！
ええーっ、まだ変わるんですか？
そうなんです。さきほど測った、体重をかけたときとかけていないとき、それぞれ足幅を比べたらまだ差がありました。もう少し細くなる可能性が高いです

足って一生変わり続けるの？いつまで変わるの？

個人差はありますが、1~2年くらいはかかると思ったほうがいいです。まずは、ふだん履く機会の多い通勤用のパンプスを1足買って、しばらく様子を見ましょう
そうですね！またすぐゆるくなったらいやだし、そうします
冠婚葬祭用のフォーマルシューズやサンダル、ブーツなど、履く時期が限られるものは、必要になったときに、そのときの足に合わせて買いましょう
確かに、半年前に比べるとかなり細くなったと感じます。まだ変わる可能性があるんだったら、少しずつ買いそろえていったほうがいいのかも

それにしても、足に合う靴を手に入れるのって大変ですね
確かにそうです。ただ、靴を変えてからいいことがありませんでしたか？
そうでした！実は、悩まされていた腰痛がよくなりました。あと、ふくらはぎがすっきりして細くなりました。友人からは「姿勢がよくなって、うしろ姿がすっきりしたね。やせた？」とよく言われます
それは足に合った靴を履いて歩いているからです！

足に合った靴を履くと、
歩くだけで脚が細くなったり、
ヒップがキュッと締まったり、
腰痛や肩こりが解消したり……
足のトラブル解消以外にも、
さまざまな効果があるんです
確かに。自分でも以前より
スタイルがよくなった
気がします

私はこれまで約5000人のお客様の靴を調整してきました。そして、たくさんのお客様から「靴が変わったら人生も変わった」という感想をいただいています
人生まで変わるんですか？
そうなんです！例えば……

外反母趾だったので、一生履けないとあきらめていたハイヒールが履けるようになったときは、思わず泣きそうになりました

足に合う靴を履くようになったら、背すじが伸びて肩が自然と下がり、デコルテがきれいに見えるようになりました

ハイヒールで歩けるようになったら、下半身が締まってワンサイズ小さくなりました

合う靴を探しまわった時間とお金、手間がいらなくなりました

杖がないと歩けなかった母が、靴を変え、足が安定してからは、杖なしで歩けるようになりました

おかげさまで私も、きれいになったと言われるし、なにより痛くて歩けないということがなくなりました。ありがとうございます！
ペコリ
お役に立ててよかったです！自分の足の状態は自分がいちばんわかるから足のこまかな変化に自分で対応できるのが理想なのです

街を見回してみると……
靴で悩んでいる女性は
まだまだたくさん
もっと多くの人が
インソールマジックで
ラクに歩けますように！

おわりに

『靴は売らない靴屋』西村泰紀です。

　2冊目の著書となる本書の原稿をチェックしている最中に、私にとって特別な日である1月17日を迎えました。阪神・淡路大震災の日である1月17日は、神戸で創業して114年の老舗靴店コウベヤを閉店した日であり、新宿でシューフィット・神戸屋を開店した日です。

「靴は売らない靴屋」という訳のわからない店を始めた当初、お越しいただいたお客様は週に2〜3人でした。お客さまがブログでシューフィット・神戸屋での驚きの体験をご紹介くださったり、クチコミで紹介してくださったりして、オープンから8年が経ったいまでは、「予約が取れない！」と言われるほど、たくさんのお客様にお越しいただけるようになりました。

　ありがたいことではありますが、それだけ「靴の悩みを抱えている方が数多くいる」ということでもあります。ひとりでも多くの方が「自分に合う靴」を選べる情報をお伝えしないと、と改めて決意しました。

実は、私、今年の誕生日で還暦を迎えます。サラリーマンを続けていたら「定年退職」の歳ですが、幸いにして、職人仕事には定年がありません。だから、まだまだ現役で頑張ります。

日本の靴業界は今後、国際的な競争にさらされ、変わらざるを得ない状況になります。これまで「靴選びの常識」とされていたものが、実は日本だけのローカルルールだったことが明らかになり、さまざまな情報が錯綜《さくそう》するでしょう。

自分の足を守るためには、情報を取捨選択し、正しい情報を基に靴を選び、調整する時代です。本書を通じて、ひとりでも多くの方に靴選びの真実、痛い靴をラクに歩ける靴にするインソール術をお伝えできればこのうえない喜びです。

ひとりでも多くの方が自分に合った靴選びができるよう、また、痛い靴に悩む方が自分でインソールを上手に使って「ラクに歩ける靴」に変身させられるよう、正しい情報を伝え、お手伝いする場を設けることがこれからの私の大きな仕事です。

最後に、これまでにご縁をいただいたすべての皆様に御礼申し上げます。本当にありがとうございます。そして、これからもよろしくお願いいたします。

２０１８年2月

西村泰紀

西村泰紀　にしむら・たいき

1958年東京生まれ。靴のコンサルタント「シューフィット・神戸屋」店主。

大手メーカーに23年間勤務し、営業・事業企画を担当。47歳で義父の家業、明治27年から続く神戸元町の老舗靴店「コウベヤ」の経営を引き継ぐ。「女性の活躍を足元（靴）から支えること」を企業目標とし、老舗の再生をめざして、靴の幅（ウィズ）をバリエーション豊富に展開した品ぞろえを模索するが、供給メーカーが見つからず断念。その一方で、（株）村井主催のシューズフィットアカデミーにて、阿部薫教授から中敷き調整技術を習得。

2009年1月、「コウベヤ」を閉店。2010年1月、新宿にて中敷き調整の専門店として「シューフィット・神戸屋」をオープン。「痛くないパンプスをすべての女性に届けたい」の一心で靴を売ることをやめ、『靴は売らない靴屋』として、8年間で5000名以上の足を計測し、アドバイスを行う。クチコミで日本各地はもとより、海外からもアドバイスを求めて来店者が殺到。予約待ちの人気店となる。

シューフィット・神戸屋
〒160-0022　東京都新宿区新宿2-5-15　小菅ビル102
TEL03-6457-8116
HP　http://www.koubeya.co.jp
BLOG　http://ameblo.jp/yasu-tenmei

装丁／坂川栄治＋鳴田小夜子（坂川事務所）
装画・イラストレーション／田中麻里子
取材・文／大政智子
撮影／佐山裕子（主婦の友社写真課）
本文デザイン／川名美絵子（主婦の友社）
編集担当／依田邦代（主婦の友社）

痛《いた》い靴《くつ》がラクに歩《ある》ける靴《くつ》になる

2018年3月31日　第1刷発行

著　者／西村泰紀《にしむらたいき》
発行者／矢崎謙三
発行所／株式会社主婦の友社
〒101-8911
東京都千代田区神田駿河台2-9
電話（編集）03-5280-7537
（販売）03-5280-7551
印刷所／大日本印刷株式会社

ISBN978-4-07-427833-6

※本書の内容に関するお問い合わせ、また、印刷・製本など製造上の不良がございましたら、主婦の友社（電話03-5280-7537）にご連絡ください。
※主婦の友社が発行する書籍・ムックのご注文は、
お近くの書店か主婦の友社コールセンター（電話0120-916-892）まで。
＊お問い合わせ受付時間　月～金（祝日を除く）9：30 ～ 17：30
主婦の友社ホームページ　http://www.shufunotomo.co.jp/